给孩子的户外实验室

Outdoor Science Lab **for Kids**

〔美〕丽兹·李·海拿克 著　王晓岚等 译

52 个适合全家一起玩的科学实验

把后院、游乐场、公园变成实验室

华东师范大学出版社

·上海·

图书在版编目（CIP）数据

给孩子的户外实验室/(美)丽兹·李·海拿克著；王晓岚等译.
—上海：华东师范大学出版社，2017
　ISBN 978-7-5675-6974-4

　Ⅰ.①给… Ⅱ.①丽… ②王… Ⅲ.①科学实验－儿童读物
Ⅳ.①N33-49

中国版本图书馆CIP数据核字（2017）第249145号

Outdoor Science Lab for Kids: 52 Family-Friendly Experiments for the Yard, Garden, Playground, and Park
By Liz Lee Heinecke
© 2016 Quarto Publishing Group USA Inc.
Text © 2016 Liz Lee Heinecke
Photography © 2016 Quarto Publishing Group USA Inc.
Simplified Chinese translation copyright © East China Normal University Press Ltd, 2018.
All Rights Reserved.

上海市版权局著作权合同登记　图字：09-2017-612号

给孩子的实验室系列

给孩子的户外实验室

著　　者　[美]丽兹·李·海拿克
译　　者　王晓岚　胡玥　史媛　邹冰洁　陆凌云
策划编辑　沈岚
审读编辑　张红英　徐晓明　陈云杰
责任校对　时东明
封面设计　卢晓红
版式设计　卢晓红　宋学宏

出版发行　华东师范大学出版社
社　　址　上海市中山北路3663号　邮编　200062
网　　址　www.ecnupress.com.cn
总　　机　021-60821666　行政传真　021-62572105
客服电话　021-62865537
门市(邮购)电话　021-62869887
地　　址　上海市中山北路3663号华东师范大学校内先锋路口
网　　店　http://hdsdcbs.tmall.com

印　刷　者　上海当纳利印刷有限公司
开　　本　889×1194　16开
印　　张　9
字　　数　188千字
版　　次　2018年6月第1版
印　　次　2021年6月第4次
书　　号　ISBN 978-7-5675-6974-4
定　　价　58.00元

出　版　人　王焰

(如发现本版图书有印订质量问题，请寄回本社客服中心调换或电话021-62865537联系)

52 个适合全家一起玩的科学实验

把后院、游乐场、公园变成实验室

目 录

户外是大自然提供的天然实验室，充满了各种可能性。

当我们关掉电视、离开家，就可以沉浸在大自然中，它鼓励着我们不断探索。无论是晴空万里，还是雪花纷飞，总有一些新鲜事物等待我们去发现。

写这本书的过程就是一场探险，从春天前的最后一场雪直到初秋五彩缤纷的树叶。我和孩子们会在盛夏的午后徒步穿过成荫的树林；用玉米淀粉制作的湿壁画装点屋前的人行道；用一个漏斗和粘在梯子上的橡胶软管，我们把空气垫变成了水床；在一个雾蒙蒙的夜晚，我会拉上全家在月光笼罩的大自然中漫步，而充满好奇心的邻居路过时则会停下脚步一探究竟。

当我们尝试这本书中的这 52 个实验时，原本在厨房里做起来乱糟糟的实验转移到户外后却非常完美。我们把野餐桌当作实验室的工作台，用来制作润唇膏和魔力球；我的孩子和他们的朋友一起开心地吹出大泡泡，在后院制作泡泡黏液；在树苔中寻找水熊虫的确是个挑战，但一旦掌握了窍门，也能捕捉到一些，然后我们就在显微镜下观察这些扭动着的神奇生物。

有一些实验，比如制作水池中的锡箔船，非常适合年幼一些的孩子，而我家的中学生们则被更复杂的实验所吸引；我们成功地捕捉到了蚯蚓，也都惊叹于用过冷水变出的小戏法；我们还发现在探索自然时，放大镜和实验日志可以加深户外活动的体验。

户外活动也能带来强身健体的好处。在搜寻、收集和做实验的时候，我们很难一动不动地坐着。甚至在每次眺望远方的时候，我们的眼部肌肉也得到了锻炼。仅仅通过用放大镜观察苔藓、赤脚蹚水入湖便赋予我们新的视角，将我们与自然界重新联结在一起。

有些时候，我需要费好大劲才能让孩子们走出家门，但这努力是值得的。感受着四季的气息，任微风拂过发梢，没有什么能比拟对这个神奇星球的

探索了。无论你是有一整天去探索自然界一个微不足道的角落，还是有一个小时待在操场上，抑或是只想在车道上逛逛，这本书中的实验将帮助你体验属于你个人的户外科学的乐趣。

关于实验

本书将为你介绍 52 个可以在户外开展的有趣的科学实验。虽然有些实验步骤更适合在桌上进行，例如用显微镜仔细观察池塘中的水生物，但我们仍需在户外操作所有的步骤。

由于有些实验涉及生态系统及居住其中的生物，你必须留意四季更迭、潮涨潮落，才能找到每一天适合进行的最佳实验。许多实验最适合在较温暖的月份做，有些可以在雪地上进行，有些则可以在寒冷的天气或雨天进行。

实验中还解释了相关的科学原理，简单易懂，为你介绍了实验涉及的词汇和概念。这些实验的设计使科学探索如同对着菜谱按部就班地烹饪美食一般简单。每个实验包括以下内容：

- 实验材料
- 安全提示或注意事项
- 实验步骤
- 科学揭秘
- 奇思妙想

"实验材料"部分列出了每个实验所需的所有

材料。"安全提示"或"注意事项"部分为你做实验提供了一些常识性的指导。"实验步骤"教会你一步一步如何开展实验。"科学揭秘"为每一个实验提供了简单的科学解释。"奇思妙想"给你提示不同的玩法，或者新的想法，将实验再向前推进，希望你能借此获得启发，自己产生更多新的创意。

对孩子来说，实验的过程和结果同样重要，因此，允许他们全身心投入实验的过程是非常重要的。测量、挖掘、搅拌、玩泥巴和淋湿都是户外科学活动的体验。赤脚走进冰凉的溪流去采集样本，为他们和自然环境建立实实在在的联系，使所有的水上实验都令人难忘。

有助于这些实验的设备包括：放大镜、管道胶带、双筒望远镜、漏斗以及非常初级的显微镜。

我和孩子们用我们自己的方式实践了书中所有的实验，如果你能仔细地按照实验步骤操作，大多数实验会进展顺利。然而，某些实验可能需要调整、实践和创新。在研究自然界时，耐心也派得上用场。比起事事完美，错误和难题的解决更有教育意义，科学史上不少伟大的发现便是由许多错误带来的。

实验日志

科学家们利用笔记本详述科学研究和实验。科学运用笔记本的方法是：记录从提出问题、观察发现、实施实验，直至最后解决问题的过程。制作一本实验日志来记录你的科学探索是非常有趣的事。

要制作一本实验日志，首先找一本线圈笔记本、作文本，或将一些空白纸张装订成册，在封面写上姓名。笔记本中包含田野笔记的板块，用于记录观察发现的动物行为，同时还要记录当时的日期、时间、地点、气温、天气和土壤条件。将笔记本的背页作为自然笔记，记录在户外探索时发现的植物、动物和岩层。

用科学的方法将每一个实验的信息记录下来，具体内容如下：

1. 你是什么时候开始实验的？将日期写在页面顶端。

2. 你想看什么或学习什么？提出一个问题。例如：当我将小苏打和醋在瓶中混合起来时会发生什么？

3. 你认为会发生什么？提出一个假设。假设是指对某一观察、现象或可通过进一步调查研究来检验的科学问题的尝试性解释。换言之，它是基于已知事物对可能发生的事情所做的猜测。

4. 当你做实验检验假设的时候发生了什么？记下你的观察结果，包括尺寸和温度之类的数值，将结果写下来、画出来或者拍照保存并把照片贴在你的实验日志上。

5. 一切都按你设想的进行吗？浏览你收集的信息（数据），得出结论。结果与你设想的一致吗？这些结果是否支持你的假设？

完成初步实验后，根据你所做的，想想是否有其他的方法来解决你提出的问题，试试"奇思妙想"中建议的一些活动，或者设计一个新的实验。你会怎样把你所学到的应用于你周围的世界？在实验日志上简单记下你的想法。

神奇生物在哪里

——捕捉身边的小生物

从在显微镜下才能看清的浮游生物到庞大的吞食这些生物的鲸鱼,地球上有着惊人的丰富物种。无论身在何处,你都可以看见有趣的生物。

尽管诸如水藻这样的有机体只会复制DNA,进行细胞分裂,其他生物则进化出了更为复杂的繁殖方式。经历了变态过程的动物的身形发生了显著的变化,从而使得它们可以改变自己的栖息地:蝌蚪变成蛙类离开水来到了陆地,而毛毛虫蜕变为蝴蝶展翅高飞,投入天空的怀抱。

缓步类动物身形微小,因为有熊爪一样的爪子,俗称水熊虫。尽管它们不会发生形态上的改变,但却拥有史上最强的生命力。它们可以自动脱水从而抵御极端的高温、严寒、辐射,甚至能在外太空存活。

每一勺来自池塘或者小溪旁的沙子、泥土里都充满了各种各样的生命,从凶猛的蜻蜓幼虫到小龙虾,你会惊叹于那些藏在小石子和树枝底下的生物。

想要管窥构成我们这个世界千姿百态的生物,一个很好的方法就是细心地捕捉并对它们进行观察。当你在做这个单元的实验时,请不要忘记,每一个生物都有着属于它自己的完整微生物群落,所以为了避免传播疾病,请你在做完实验后将它放回原处。

奇妙的大型无脊椎动物

实验材料

→ 厨房用的精细网筛（或网状食物罩）

→ 白色的碗（或托盘）

→ 大网眼过滤器或滤网若干片（可选）

→ 塑料勺子（或钳子、镊子）

→ 碗（或小桶）

→ 空的冰格

→ 放大镜

→ 生物分类检索表

安全提示

— 不要让年龄小的孩子在无人照管的情况下独自待在水边。

— 成年人和年龄小的孩子一起采集无脊椎动物。

— 找一处较浅的水滩，方便踏入水中。

使用滤网采集、分类，找到生活在湖泊、池塘或溪流中的淡水无脊椎动物吧！

图4：孩子们用放大镜观察无脊椎动物。

实验步骤

第1步：用精细的网筛铲起水边的沙土和泥浆。（图1、2）

第2步：如果没有多余的滤网或过滤器，将采集的样本倒入白碗内或白色托盘上，观察其中是否有生物在移动。（图3）

第3步：如果有大网眼的滤网或过滤器，将它置于白碗或白色托盘上，再将淤泥倾倒在滤网上。等待10分钟，一些无脊椎动物会自己透过网眼掉到碗底或托盘上。将剩余的淤泥倒入另一个白色容器内。

第4步：使用勺子、钳子、镊子或用手指轻轻地将无脊椎动物从采集的样本中挑出。把体型较大的无脊椎动物，如蜗牛、蛤、淡水螯虾等，放入盛有湖水或溪水的碗或桶内，较小的无脊椎动物可以放入冰格中。

第5步：使用放大镜观察无脊椎动物，记录下动物身上腿的数量和生活的区域。在实验日志上画出它们的模样，记录下无脊椎动物的爬行姿态，以及任何不同寻常的特征。（图4）

第6步：利用从网站上下载的大型无脊椎动物分类检索表将捕捉到的生物进行归类。

第7步：在捉到这些无脊椎动物的地方，将它们放生。

图1：铲起淤泥。

图2：铲起更多的淤泥。

图3：把样本倒入白色的碗中。

奇思妙想

1. 你是否住在海边？如果是的话，试着在被海浪冲上岸的沙子里找一找大型无脊椎动物。

2. 试着用网在溪水或其他流动的水体中捕捞无脊椎动物，看看是否和你在水边的淤泥里找到的一样。

3. 挖出一些泥土，再用滤网过滤。你在土壤中都找到了哪些无脊椎动物？

科学揭秘

无脊椎动物是指背侧没有脊柱的动物，一般身体柔软，无坚硬的能附着肌肉的内骨骼，但常有坚硬的外骨骼（如大部分软体动物、甲壳动物及昆虫），用以附着肌肉及保护身体。

尽管没有脊柱，但大型无脊椎动物会十分凶猛，比如蜻蜓幼虫甚至可以攻击蝌蚪和真鲦。

大型无脊椎动物指的是不用显微镜，以肉眼便可看见的无脊柱动物，蛤类、蜗牛类、昆虫类及虾类都属于大型无脊椎动物，但数量最庞大的则是水生昆虫。这一类生物在生态系统中起着至关重要的作用，它们一方面吞噬藻类和植物，一方面又成为食物链中较大体型的食肉动物和杂食动物的盘中餐，比如鱼类。

一些科学家会定期对大型无脊椎动物进行调查，因为它们的多样性和数量能告诉我们它们新处环境的水质以及生态系统是否健康。

搜寻水熊虫

实验材料

→ 从树上轻轻刮下的地衣和苔藓
→ 瓶装水
→ 培养皿
→ 显微镜

安全提示

— 需要采集足够多的地衣和苔藓。
— 年纪小的孩子也许需要成年人的帮助才能找到缓步类动物，但是他们都很喜欢在显微镜下观察这些生物。
— 如果刚开始找不到缓步类生物也不要泄气。只要继续找，一定会找到。

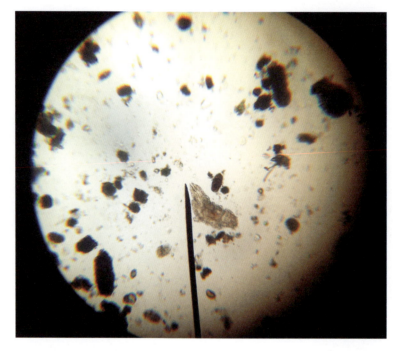

搜寻藏匿在苔藓和地衣中的体型微小的水熊虫吧！

图5：用显微镜观察蠕动的水熊虫。

实验步骤

第1步：一边散步一边搜寻树上的苔藓和地衣。苔藓多为绿色绒状，而地衣看上去更像是长在树皮上皱巴巴的蓝绿色或蓝灰色外壳。轻轻地将苔藓和地衣刮入容器内带回家。（图1）

第2步：如果苔藓和地衣过干，可以将其部分浸入水中，放置一夜。如果苔藓和地衣潮湿而柔软，浸入水中5 ～ 10分钟即可。（图2）

第3步：做完准备工作后，轻轻地将苔藓和地衣从水中移出，在培养皿上方轻轻晃动，收集落入培养皿中的水滴。将苔藓上多余的水挤入培养皿，在培养皿中形成浅浅的一层。（图3）

第4步：使用低倍显微镜观察培养皿中的水样。可以等到几分钟后水中生物全部沉入水底后再观察，此时效果更佳。看水中是否有移动的生物或透明的粉色物体存在。（图4）

图1：搜集如图所示的长在树皮上的苔藓和地衣。

图2：将苔藓浸入水中。

图3：摇晃并将苔藓上的水挤入培养皿中。

图4：使用显微镜寻找培养皿里的缓步类动物。

第5步： 缓步类动物的4对足可以帮助你将它们与其他生物区分开来。它们看上去有点像毛毛虫或者长相奇特的猪。（图5）

第6步： 一旦找到缓步类动物，将其放入视野中央，调高显微镜的放大倍数从而更仔细地观察。

第7步： 试着拍下缓步类动物的照片或视频。也可以在你的实验日志上将它们画出来。

奇思妙想

从地表或树上采集苔藓和地衣。你认为在哪里可以找到更多的缓步类动物呢？检验一下你的猜测是否正确并在实验日志上记录下结果。

科学揭秘

缓步类动物的字面意思为"走路很慢的生物"，水熊虫是这些显微镜下可见生物的俗称。淡水中、海水中、陆地上，几乎随处可见这种生命力顽强的微小生物。陆生缓步类动物常常生活在苔藓和地衣中，因为它们能给这些生物提供潮湿而舒适的环境。

如果环境变得干燥，缓步类动物也会随之脱水，它们身体的含水量最多可以减少97%，变成一个干瘪的壳，这就是假死状态。处于隐生状态的缓步类动物几乎可以在任何环境中存活下来，无论是极端高温，还是极端严寒，哪怕受到化学物质的侵蚀或者太空深处的辐射，只要一旦重新有水，缓步类动物体内的水量就会上升，它们就可以复活。

这些体型微小却生命力顽强的生物仅有半毫米长，所以我们必须借助显微镜才能看清楚。它们和其他生命体完全不同，在生命图谱上有着自己的门类，大致介于昆虫之类的节肢动物和线虫之间。

蝌蚪变形记

实验材料

→ 盛水的容器（如广口瓶）
→ 用来抓蝌蚪的捞网（或小桶）
→ 装蝌蚪的较大容器
→ 在瓶装水中煮 5 分钟后细细切碎的绿色生菜叶子（用作蝌蚪的食物）

安全提示

— 不要让年龄较小的孩子在无人照管的情况下独自待在水边。

— 不要使用自来水作为蝌蚪的水生环境，因为自来水中的氯会杀死蝌蚪。

— 请遵守当地与自然资源有关的法律法规，实验结束后将捕捉到的青蛙和蟾蜍放生。为了避免疾病的传播或非本土物种的入侵，在什么地方捉住的蝌蚪，做完实验后要回到原处放生。如果你无法将蝌蚪在原处放生，就不要捕捉这些蝌蚪。

观察蝌蚪是如何变形成青蛙或蟾蜍的！

图 2：将蝌蚪放入不含氯的水中。

实验步骤

第 1 步： 了解当地对捕捉蝌蚪的规定。看看是否能在水坑、泉水、小湖或池塘中找到蝌蚪。如果当地法规禁止捕捞蝌蚪，你仍然可以定期去那里观察蝌蚪，看看它们是如何在自然的环境中生长发育的。

第 2 步： 如果在水域里发现了蝌蚪，往容器中装入一些此水域的水。轻轻地用网捕捞一些蝌蚪并把它们小心地放入容器中。为了提供蝌蚪健康的生长环境，可以再多收集一些同水域的水和藻类作为备用。（图 1、2）

第 3 步： 找一个带盖的大容器，或者用滤网做盖。确保有足够的气孔让蝌蚪们呼吸。用收集到的同水域的水和藻类为蝌蚪创造一个生活环境，用岩石等材料建造出凸起的表面，成熟后的青蛙或蟾蜍可在此跳跃。（图 3）

图1：用网轻轻地捕捞蝌蚪。

图3：为小蝌蚪造新家。

图4：在捕捉到蝌蚪的原处将长成的青蛙、蟾蜍放生。

图5：青蛙或蟾蜍在这里能找到合适的食物。

第4步： 将蝌蚪放入容器中，每天观察，必要时加水。确保容器中存在干燥、凸起的区域。

第5步： 每隔一天左右，用煮过的生菜叶给蝌蚪喂食。

第6步： 每隔几天，在实验日志上画出蝌蚪的模样。最终你将会看到蝌蚪经历了形态改变的过程：长出腿，尾巴消失。

第7步： 当蝌蚪变成青蛙或蟾蜍，并能够跳出水面时，将它们带回原处放生，它们能在那里找到食物。（图4、5）

奇思妙想

在蝌蚪的变形日记中记录下它们的活跃期和不活跃期，记录下蝌蚪长出后腿、前腿和尾巴消失的天数。这些变化在每一个蝌蚪身上是否以同样的速度发生？

科学揭秘

成年生物和幼年生物居于不同的生活环境中，对于物种的繁衍是有利的。水中生活的蝌蚪是草食生物，主要靠吃藻类和植物为生，而大多数青蛙和蟾蜍则居住在干燥的陆地上，主要以昆虫和其他动物为食物。这样的好处在于成年生物不会和它们的孩子竞争食物或争夺生存空间。

一旦蝌蚪从卵中孵化出来，并开始进食和发育，蝌蚪便会经历变态的过程。"变态"的字面意思为"改变形态"，它们会长出肺，长出后腿和前腿，接着尾巴消失，嘴巴变大，最后长成为成熟的青蛙或蟾蜍。

体型较小的青蛙和蟾蜍的变态过程一般历时两个月；体型较大的，如牛蛙，其变态过程可以长达两年，它们首先需要长成体型很大的蝌蚪再经历变态的过程。

实验材料

→ 蝴蝶经常在上面产卵的本地植物

→ 装有一部分水的杯子（或花瓶）

→ 锡箔纸（或塑料纸）

→ 有盖的大容器

→ 其他受蝴蝶欢迎的本地植物或其种子，将它们种植在你的院子里（可选）

安全提示

— 抓蝴蝶的正确方法为轻轻地用拇指和中指捏住蝴蝶竖起的翅膀。

— 如果必须将蝶蛹从它的居所中移出，请牢牢地用线缠绕在蝶蛹的颈部，小心地移出，并悬挂在安全的地方。千万小心不要让它掉落。

实验 4 蝴蝶花园

一起见证从毛毛虫变成蝴蝶的自然奇迹吧！

图6：在院子里种下蝴蝶喜爱的植物。

实验步骤

第1步： 研究蝴蝶经常在哪些当地植物上产卵。根据蝴蝶卵的图片，在植物叶子的下面搜寻蝴蝶卵或毛毛虫。蝴蝶卵通常很小，针头大小，一般颜色比较浅。（图1）

第2步： 如果找到了蝴蝶卵或毛毛虫，将它置于叶片上再将整株植物移植回家。再多采集一些同类植物的茎和叶作为毛毛虫的食物。（图2）

第3步： 将植物的根置于装有水的杯子或花瓶内。用锡箔纸或塑料纸将植物的根部连同花瓶牢牢地包裹起来，这样毛毛虫就不会从叶片掉落进水中淹死。将植物放入带盖子或滤网的大一点的容器中。

第4步： 观察蝴蝶卵的孵化和毛毛虫的生长过程。如果植物枯死或叶子被毛毛虫全部吃光，换一株新的植物。（图3）

第5步： 每天观察毛毛虫的生长，直到它变成蝶蛹从叶子上倒挂下来。只要每天给它喂食新鲜树叶，它就可以从植物中吸收所需的水分和营养。（图4）

第6步： 当蝴蝶破茧而出后，至少一天之内不要打扰它。蝴蝶必须倒挂才能为刚刚长成的翅膀注入

图1：找寻蝴蝶卵和毛毛虫。

图2：如果找到了蝴蝶卵或毛毛虫，将整株植物移植回家并放入水中。

图3：观察毛毛虫的生长。

图4：毛毛虫将会变成蝶蛹。

体液。（图5）

第7步： 将蝴蝶放生。

第8步： 如果你希望第二年能够找到更多的毛毛虫，可以在你的院子里种上蝴蝶喜欢的植物，为它们提供产卵的场所，这样可以帮助它们存活下来。（图6）

图5：让刚刚破茧而出的蝴蝶保持倒挂。

奇思妙想

记录下毛毛虫生长和发育的过程，每天都量一量它的身长，记下它从蛹中破茧而出所需的天数。

科学揭秘

在野外，只有5%的帝王蝶能从卵长成成虫，在空中振翅飞翔。但如果你将它们移入室内，它们存活的概率将会大大增加。

毛毛虫的生长速度十分惊人。打个比方：假如刚出生的毛毛虫是重约7斤的婴儿的话，那么，仅仅靠吃叶子，它们就能在两周内长成混凝土搅拌车般的庞然大物。从胖乎乎蠕动的毛毛虫到灯笼状的蝶蛹，再到高贵优美的蝴蝶，这样的变形过程更加让人叹为观止。

蝴蝶可以产下很多卵。以帝王蝶为例，每只可以在马利筋上产下400颗卵。但是它们对于产卵的环境十分挑剔。每一颗卵都要缠在不同的植物上或者至少是不同的叶片上。所以对于蝴蝶来说，有充足的植物供它们产卵十分重要。

单元 2

投出去，飞起来

——草坪上的物理学

让物体在空中飞起来是件十分有意思的事儿。

设计、组装水火箭，然后把它绑在塑料袋做成的降落伞上，这是探索航空工程学的一个有效方法。家中的后院和车道都是测试简单物理学概念的好地方，如向心力、伯努利原理，甚至光学知识。如果你喜欢玩抛射物，还可以自己做一个投石机。

投石机最初发明时被用作战争工具。早期的投石机又叫弩，形似一把巨大的弓。一种被称为扭力投石机的弹射器上有长长的木质柄，柄的末端连着木桶，通过拉紧绳子来发射。另一种被称为重力抛

石机的弹射器则利用巨大的反作用力来发射炮弹，产生巨大的破坏作用，足以摧毁城堡和城墙。战士们朝着城墙要塞投掷大量的致命物品，如巨石、燃烧化学物或点燃的柏油。

这个单元将教你如何使用燕尾夹和水溶颜料棒在草坪上做出一个破坏力比较小的小型投石机。但是千万不要止步于此哦！想想你能继续用橡皮筋制作弹射棉花糖的弹弓，或者设计出一种用于发射纸飞机的纸板箱弹射器吗？

塑料袋降落伞

实验材料

→ 剪刀

→ 空塑料袋或其他较轻的袋子（30.5
　　厘米 × 30.5 厘米）

→ 蓝丁胶

→ 绳子（或纱线、绣线）

→ 管道胶带

→ 空瓶（1 升）

→ 充气针

→ 将可以正好插入瓶口的软木塞横
　　向对半切成两个小软木塞

→ 自行车打气筒

→ 水

→ 护目镜

→ 鞋盒（或较小的容器）

安全提示

— 发射水火箭时必须佩戴护目镜。

— 由成年人完成将软木塞切成两半
　　的操作。

用打气筒发射水火箭，再设计并制作一款降落伞，用它减缓水火箭的降落速度吧！

图4：将火箭发射到空中，测试一下你做的降落伞的功能。

图1：用胶带将降落伞的绳子粘在瓶底。

图2：用充气针穿透软木塞，将充气针和打气筒连起来。

图3：把水注入火箭（塑料瓶）中。

实验步骤

第 1 步：将塑料袋或轻袋子裁剪成 30.5 厘米 × 30.5 厘米的正方形当降落伞。

第 2 步：剪 4 根绳子，用蓝丁胶将绳子粘在降落伞的四个角上。

第 3 步：用管道胶带将降落伞的绳子牢牢地粘在塑料瓶的底部。（图 1）

第 4 步：用充气针穿透软木塞，将充气针和打气筒连起来。（图 2）

第 5 步：在塑料瓶内装入最多四分之一的水，把连在打气筒上的软木塞紧紧地塞入瓶口。（图 3）

第 6 步：戴上护目镜，将塑料瓶做成的火箭放入鞋盒之类的容器中，瓶底朝上且不能正对着人。

第 7 步：用打气筒向火箭内充气，直到它腾空而起。（图 4）

第 8 步：如果实验没有按照预想成功实施，可以重新设计降落伞并再次尝试。

奇思妙想

1. 改变降落伞的形状和设计。如果增加降落伞上洞眼的数量或绳子的数量，实验效果是否会改变？

2. 如果往塑料瓶中注入的水量不同，火箭飞行的高度是否会发生变化？

科学揭秘

空气压力在塑料瓶内不断积聚，朝下挤压软木塞和水，从而对火箭产生反作用力。重力将空瓶拉回地面，但是挂在空瓶上的降落伞由于张开后有较大的表面积，增加了空气阻力，从而对坠落的火箭产生巨大的拉力，减缓了它的坠落速度。

降落伞的形状、绳子的长度，甚至降落伞的材质，都会影响到空气的流动以及降落伞能在多大程度上减缓物体的坠落。如果在降落伞上增加洞眼，会影响到空气流动，并影响实验的效果。

疯狂投石机

实验材料

→ 3 根或 3 根以上木质搅拌棒
→ 弹簧夹（如袋子的封口夹）
→ 电线
→ 管道胶带
→ 钉子
→ 锤子
→ 结实的木条（或木头盒子）
→ 被削去三分之二顶部的纸杯

安全提示

— 千万不要将投石机对着人发射。

利用搅拌棒和弹簧夹制作一架小型投石机吧！

图2：用胶带将纸杯绑在投石机的手柄上。

图1：用钉子将搅拌棒与弹簧夹重叠的部分钉在木板或木质盒子上。

图3：在纸杯内放入小物体，并向下按压手柄。

图4：松开投石机的手柄。

实验步骤

第1步：用电线和胶带将搅拌棒分别绑在弹簧夹的两个夹柄上，起到增加弹簧夹长度的作用，形成带夹钳的大 V 字形。

第2步：将第三根搅拌棒纵向放在 V 字形木架的一端，用钉子将重叠的部分钉在木板或木质盒子上，V 字形木架的另一端朝上翘起。（图1）

第3步：用胶带将纸杯绑在朝上翘起的当作手柄的搅拌棒上，作为投石机的发射器。（图2）

第4步：在投石机里放入小物体，如干豆子或棉花糖，朝下按压上部的手柄，松开手发射。（图3、4）

第5步：发射不同大小的物体，量一量它们的射程有多远。你能预测物体的落地位置吗？

奇思妙想

改变投石机手柄的长度。你认为是长手柄投石器发射的物体飞得远还是短手柄投石器发射的物体飞得远呢？

科学揭秘

投石机是用来发射物体的机器，在古代被用作战场上的武器。这个实验中的投石机就是军用投石机的一种。手柄与弹簧夹相连，形成支点。放入纸杯的物体称为负载物，可以作为炮弹被发射出去。

朝下按压上端手柄时，你的手臂起到按压弹簧夹的作用，从而将能量储存在弹簧内。松开手柄便可以释放能量，产生动能，即物体运动的能量。手柄和负载物快速移动，但是由于弹簧的移动范围有限，因此手柄会迅速停止移动。物理学原理告诉我们，移动的物体因为要保持移动状态，所以负载物便会继续沿着发射的方向飞高飞远。最终，重力的作用使得被发射的物体回到地面，它所移动的路线就叫做抛物线。

纸箱投影仪

实验材料

→ 手机（或平板电脑）

→ 鞋盒（用来放手机）或大纸箱（用来放平板电脑）

→ 放大镜（或放大板）

→ 切割工具

→ 胶带

→ 用来支起投影仪的盒子（或桌子）

→ 用作屏幕的白色平面

安全提示

— 实验会用到锋利的工具进行切割，所以更适合大一点的孩子。

— 因为手机或平板电脑这类移动设备本身不能发射足够的光，所以自制投影仪的图像像素并不高。但这个实验可以让孩子们一边和朋友一起观看视频，一边趣味盎然地学习科学知识。

使用盒子和放大镜来制作适合手机或平板电脑用的投影仪吧！

图5：开心地用纸箱投影仪看影片。

实验步骤

第1步：将手机或平板电脑上的光线强度和音量调至最高。

第2步：把手机（横屏）或平板电脑放在纸箱的底部，靠在相距较远的两个侧面的其中一个上，在这个侧面画出设备的高度。

第3步：将放大镜或放大板沿之前所画的记号线垂直放好，画出轮廓，然后用刀划出一个比放大镜头尺寸稍小的洞。确保当你的设备放在纸箱里相对的另一侧时，设备的中心处大致与放大镜头的中心处在一条水平线上。为了让镜头居中，可以将放大镜取出后调整位置。（图1）

第4步：用胶带把放大镜粘在洞口。如果使用的是放大板，确保凹面朝内、光面朝外。（图2、3）

第5步：将手机锁定为横屏，避免图像自动翻转，打开一张照片用来对焦。

第6步：待天黑后或在暗房里测试你的投影仪。将设备倒置后放在纸箱内，与另一侧的放大镜相对。

第7步：将投影仪放在其他纸箱或桌子上，让设备投射出图像对焦出现在前方的白色平面上，如车库门、纸张或床单上。由于设备和镜头间的距离不同，会导致放大倍数不同，所以需要据此调整投影仪和屏幕间的距离。要使白色平面上的图像变大，拉大纸箱和屏幕间的距离，

并将纸箱内的设备往前移动以便更好地对焦。请记住，设备的屏幕需要与纸箱底部保持垂直。（图4）

第8步： 对焦完成后，开启手机或平板电脑里的电影，将设备固定在纸箱内，再盖上纸箱盖，或者用毛巾挡住以避免光线进入。现在开始好好地欣赏节目吧！（图5）

图1：在纸箱上刻出放置放大镜或放大板的洞口。

图2：在纸箱上安装放大板。

图3：在鞋盒上安装放大镜。

图4：调整距离，让设备投射出的图像更加聚焦。

奇思妙想

1. 你能设计出效果更佳的投影仪吗？盒子的尺寸是如何影响到投射出的图像的效果的？

2. 如果投影仪上再装一块放大镜，图像会发生什么变化？

3. 你能用可以发射出更强光线的手提电脑做出更大、更清晰的投射图像吗？

科学揭秘

当设备发出的光线穿过投影仪的镜头时，光线的传播速度变慢并弯曲，从而在镜头另一面的焦点处形成了与原图大小一样却上下颠倒的图像。这种光线弯曲的特性叫做折射。

尽管光源发出的光为直线，可当它穿过新的媒介如水或镜头时，光的传播速度就会发生改变并弯曲。镜头的形状和厚度决定了光线如何并在何处再次对焦。镜头起到弯曲光线并沿特定方向重新对焦的作用。眼镜、望远镜和显微镜都是利用镜头帮助我们更清楚地看清物体。

调整设备、镜头和投影面的距离对于得到正确的聚焦点很重要。因为镜头会翻转图像，所以需要将手机屏幕倒置才能在大屏幕上看到正确的图像。我们眼睛的晶状体其实也会翻转图像，只不过我们的大脑会自动帮我们修正，所以我们不会意识到图像的翻转。

袜子离心机

实验材料

→ 4 个杯装果冻（每个 85 ~ 115 克），最好有两种不同的颜色（如红色和绿色）

→ 20 个玻璃弹珠

→ 透明胶带

→ 两只袜子

→ 厨房用的麻绳或比较粗的绳子（大约 120 厘米长）

→ 从 2 升大小的塑料瓶上剪下的瓶口和瓶颈（或者准备半径大约为 2 厘米的塑料短试管）

安全提示

— 玻璃弹珠一旦被吞入会产生窒息的危险，所以年纪小的孩子实验时应有成年人在一旁监护。

— 如果找不到麻绳，可以把果冻杯放入长袜里，通过摇动袜子来做类似的实验。对年纪很小的孩子来说实验效果更佳。

— 勿食实验用的果冻。

通过甩动袜子来实验离心力。

实验步骤

第 1 步：去掉果冻杯的封盖。

第 2 步：挑选两个同样颜色的果冻杯（如红色），尽可能多地将玻璃弹珠平铺在果冻上，注意不要让弹珠嵌入果冻里。（图 1）

第 3 步：将剩余的两个果冻杯（如绿色）反过来放在装有弹珠的果冻杯上面，两个杯子的开口处相接。用透明胶带把相连部分绑起来固定，因为胶带是透明的，仍然可以看见弹珠。（图 2）

第 4 步：将用胶带缠上的果冻杯分别放入两只袜子里，靠近袜尖的那杯果冻是同一种颜色，记录下是哪种颜色（如红色）。

第 5 步：将绳子的中央绕在切割下的瓶颈或短试管上，绳子的两头分别绑在两只袜子上。

第 6 步：将一只袜子放在地面，另一只袜子悬空，右手抓住绳子中央的瓶颈或试管，左手紧紧抓住瓶颈或试管下面的绳子。

第 7 步：站起身，用右手将瓶颈或试管甩过头顶转圈，这样原本悬空绑着的那只袜子就会被带动着转圈。随着用力越甩越猛，左手的绳子也会被逐渐拉高。

图3：将装有果冻杯的袜子甩过头顶做绕圈运动。

图1：将弹珠装入果冻杯。

图2：把上下叠放的果冻杯用胶带缠在一起固定。

图4：如果你没有绳子，可以用果冻杯装入长袜里来完成实验。

图5：看看旋转后的果冻杯里的弹珠，有没有发生变化。

第8步：更用力地甩袜子，让它尽可能地在头顶转圈。如果坚持不住可以休息一会，但不能将裹在袜子里的果冻杯砸向地面。（图3、4）

第9步：将果冻杯从袜子中取出，观察杯子里面弹珠的情况。（图5）

奇思妙想

1. 如果改变位于下方的袜子的重量，实验结果会发生变化吗？如果不使用左手，需要在位于下方的袜子里加上多少重量才能让位于上方的袜子慢慢转圈？

2. 用有色果冻在果冻杯里造出浓度梯度，测试一下不同大小的弹珠是如何利用离心力在杯中移动的。确保位于杯底的果冻的浓度最高。

科学揭秘

如果转动袜子的力量足够大，你会发现果冻杯里的弹珠会有点移向离袜尖最近的那杯果冻。

在陡峭的坡面上，轮胎利用摩擦力使得汽车停在路面上。在这个实验中，绳子提供了这种力，这样袜子中的果冻杯和弹珠就能一直绕圈做运动。如果没有绳子的话，所有的物体都会直线飞出。

在袜子里面，果冻杯提供力，使得弹珠能持续绕圈。但是，弹珠的密度大于果冻，因此如果转动的速度足够快，果冻无法提供足够的力量使弹珠保持原位，弹珠就会慢慢地偏离中心。

转动袜子的速度越快，保持绕圈运动需要的力就越大。左手抓绳子提供的力能使旋转的袜子不至于直线飞出。随着转动速度变快，转动范围变大，你会感觉到绳子在被慢慢地拉高。

吹气大王

实验材料

→ 剪刀
→ 3 个细长的塑料袋
→ 蓝丁胶（或双面胶）

安全提示

— 使用塑料袋时，注意对年幼孩子的照看。

就像施魔法一样，一口气将长长的塑料袋吹鼓起来吧！

图4：将袋尾提起，把袋口放在离嘴边几厘米的位置，对着袋子吹一口气。

实验步骤

第 1 步：剪掉 2 个细长塑料袋的底部。（图 1）

图1：剪掉2个细长塑料袋的底部。

图2：用蓝丁胶或双面胶把两个塑料袋的底部粘在一起，变成一个更长的袋子。

第2步：用蓝丁胶或双面胶将 3 个塑料袋连在一起做成一个更长的袋子，将没有剪掉底部的袋子放在最后做底。（图2）

第3步：将袋子靠近自己的唇边，看看要吹多少口气才能将袋子吹鼓。（图3）

第4步：让另一个人抓住袋子的底部并提离地面。将袋子口放在距离唇边 8～10 厘米的位置，对着袋子吹一口长长的气。如果动作正确，你只需要一口气，袋子便会被充满。（图4）

图3：把塑料袋放到嘴边，把袋子吹鼓。

奇思妙想

想想有没有其他实验可以演示伯努利原理。

科学揭秘

剪两块 5 厘米×13 厘米大小的薄纸片，如餐巾纸，将纸片放在下唇处吹气，你会发现整张纸都向上飘了起来。丹尼尔·伯努利 (Daniel Bernoulli) 是一名科学家，他研究的是流动介质，如液体和气体，并提出了流动介质速度越快，压强越小的理论，被称为伯努利原理。

当你对着纸片吹气时，由于空气的流动，纸巾上部的压强变小了。同时，纸巾下部的压强变大了，因此会抬高纸巾。这一原理也可以解释飞机机翼的抬升作用。

在这个实验中，你只需吹一口气便能将长长的与外部空气相通的塑料袋吹满。用伯努利原理可以解释这一现象，吹气处的压强减小，因而空气会迅速跑入袋子中并填满由于吹气而形成的低压区。

单元 3

花园池塘里的小邻居

——观察无脊椎动物

如果光看数量的话，世界是由无脊椎动物统治着的。

这些脆弱而又神奇的生命体占据了超过 90% 的地球上已知的动物物种，从昆虫、蛛形纲动物到蜗牛、蠕虫以及被称为原生动物的单细胞生物。

它们中的一些非常小，以至于你只能在显微镜下看到；而另一些，像生活在有毒的深海通风口的巨型管蠕虫，能长到 2.1 米长。

你可以做很多实验来了解身边的无脊椎动物。除了识别它们，还可以观察它们的行为，甚至把它们暴露在眼前进行近距离研究，你会发现它们非常有趣。

在这个单元里，你将学会如何为虫子制作房子、清理节肢动物、钓涡虫以及刺激蚯蚓。

实验材料

→ 10 ~ 20 只潮虫或西瓜虫（可参考实验步骤中关于如何寻找和捕捉它们的建议）

→ 广口瓶（或其他能把虫带走的容器）

→ 长方形的塑料盒（如 1.9 升的牛奶盒），内部以厚纸板做隔断

→ 剪刀（或美工刀）

→ 管道胶带

→ 纸巾（或泥土）

→ 黑色（或棕色的厚纸板）

安全提示

— 如果让孩子用美工刀切割挖洞，需要有成年人在一旁照看。

— 在这个实验中，不要用蜘蛛或其他会叮咬的昆虫。如果是在有毒蛇出没的地区寻找虫子，在搬动石头或木头的时候，尤其需要小心。

创设相邻的小环境来观察潮虫和西瓜虫的行为吧！

图5：观察虫子的行为。

实验步骤

第 1 步： 在石头和木头下面寻找潮虫或西瓜虫。虫子大约 0.6 ~ 1.3 厘米长，有 7 对足，身体分节就像身穿盔甲一样。西瓜虫能卷成小球状，圆滚滚的，也被称为胖胖虫。（图 1、2）

第 2 步： 剪一块大小合适的厚纸板，插入容器中，用胶布把厚纸板固定在容器里，把塑料容器平均分隔成两个部分。在厚纸板的底部中央，剪一个大约 5 厘米宽的洞，可以让虫子爬来爬去。（图 3）

如果用的是牛奶盒，剪掉顶部，只留下大约高 10 厘米的底部。在盒子底部剪出大小为 1 厘米的洞。把这样有洞的两个盒子粘在一起，确保有洞的一面重合。（图 4）

图1：收集潮虫和西瓜虫。

图2：在石头和木头下面找虫子。

图3：用一个有分隔的塑料容器做虫子之家。

图4：也可以用牛奶盒做虫子之家。

第 3 步：把湿纸巾或湿泥土放在盒子的一侧，另一侧放上干纸巾或干泥土，虫子可以在两个区域之间爬来爬去。

第 4 步：在两个区域里放置相同数量的虫子，大约观察 1 个小时。每 15 分钟，分别记录下在干燥和潮湿区域中的虫子数量。（图 5）

第 5 步：重复实验。盒子的一侧用黑色或棕色的厚纸板遮盖，另一侧不遮盖，让光线射入。在两个区域里再放入相同数量的虫子，观察它们会爬去哪个区域。

第 6 步：将虫子带回捕捉到它们的原处放生。

奇思妙想

尝试给潮虫或西瓜虫创设其他的小环境，观察它们喜欢的食物。

科学揭秘

每个生物都有喜好的环境，如果生存环境是在水里，例如湖泊，就需要长鳃。如果生存环境是寒冷的地方，血液中就需要有抗冻的蛋白质。所有的生物在地球的生态中都有自己特定的位置。

小环境是指一小块具有特定条件的区域，例如松林里的岩石下，这里很可能又冷又潮，混合着土壤以及腐烂有机物。

潮虫和西瓜虫有坚硬、类似盔甲的外骨骼，爬行的时候会移动分节的身体和脚。但它们也不像同类的螃蟹和龙虾，它们用鳃呼吸，需要生存在潮湿的环境中。在这个实验中，如果把潮虫放在两个不同的小环境里，它们会移动到更加潮湿的环境中去。

挥网捕昆虫

实验材料

→ 捕虫网（或钳子）；两个金属衣架；剪刀；一个用过的色彩鲜艳的枕套；管道胶带；扫帚的长手柄；木尺

→ 一块大白布（如旧床单）

→ 广口瓶子

→ 昆虫图鉴（可选）

安全提示

— 在未确定捕捉到的昆虫是否会叮咬前，不要徒手碰昆虫。

— 蜱虫喜欢茂盛的草丛。如果去捕捉的地方可能有蜱虫，应事先采取预防措施，事后也要检查身上是否有蜱虫。

用自己制作的捕虫网来捕捉和识别昆虫吧！

图3：在草丛和树丛中挥网捕捉昆虫。

实验步骤

第1步：如果你没有捕虫网，可以用钳子将2根金属衣架拉直后拧在一起制成一个环，在两端分别留出约7.5厘米的铁丝段。在枕套开口处剪掉三分之一，再将余下部分套在铁环上（露出两端的铁丝段），用胶带缠绕固定。最后将铁环上的2段铁丝绕在扫帚长柄或木尺上固定。（图1）

第2步：找一处茂盛的草丛或野草地。像扫地那样，来回挥动捕虫网，捕捉草丛中的昆虫。（图2、3）

第3步：通过把网底翻上来盖住网口来收网。

图1：用金属衣架和枕套做一个捕虫网。

图2：准备捕捉。

图4：观察装在罐子里的昆虫。

图5：尝试识别抓到的昆虫。

第 4 步： 小心地把捉来的昆虫放在布上，观察它们。如果想要更加仔细地观察，用一片叶子或木棍挑起昆虫，将它们放到带有盖子的罐子里。（图4）

第 5 步： 数数捕捉到的昆虫有几条腿，身体分几个部分，看看有没有触角、翅膀和特殊的颜色。把观察结果记录下来。

第 6 步： 如果有需要，可以通过查阅昆虫图鉴或其他途径，识别找到的昆虫的种类。（图5）

第 7 步： 记录捕捉到的昆虫或蛛形纲动物的种类、时间和地点。

奇思妙想

1. 在不同的时间段（清晨、中午、傍晚和夜间）、相同的地点捕捉昆虫，看看数量是否有所不同。

2. 比较在不同的地方捕捉到的昆虫，如草原和沼泽地。

科学揭秘

节肢动物是一种令人惊奇的动物，它们体外覆盖着骨骼，称为外骨骼，还有分节的身体和拥有多个关节的足。

当你在户外捕捉的时候，可能会捉到很多六足的昆虫，它们有翅膀，生长周期历经卵、幼虫到成虫。有的昆虫，例如蝴蝶，也会经历蛹期，之后它们的身体会完全变样。昆虫头上的触角是它们的感觉器官。

具有相似特点的昆虫可以归属于同一类，例如蜜蜂、蝴蝶、蜻蜓、蚱蜢和甲壳虫。

你也许还会抓到蛛形纲动物，它有八足和外骨骼。蜘蛛、蜱虫和蝎子都属于这类有些恐怖而又有趣的生物。它们的身体只有两个部分，没有触角和翅膀。离头部最近的一对足帮助它们捕食和自卫。

钓涡虫

实验材料

→ 可以用来切肉的刀
→ 生肉（如牛肉或牛肝）
→ 带有钩子的绳或钓鱼线
→ 钓坠或石头
→ 收纳容器（如罐子或塑料瓶）
→ 放大镜
→ 带有载玻片或培养皿的显微镜（可选）

安全提示

— 孩子在水边时，必须有成年人在一旁照看。
— 处理生肉后必须洗手。
— 如果不能用肉钓到涡虫，可以在水流清澈平缓的小河里的石头下面找找。用刷子把它们赶出来，赶到你的容器里。

捕捉和观察有趣的扁形动物——涡虫吧!

图4：观察钓到的涡虫。

实验步骤

第1步：找到一处类似池塘、湖或小溪这样的地方，去捕捉一种叫涡虫的扁形动物。它们喜欢生活在水流平缓、清澈的水中，藏在码头、莲叶、大平石和碎石附近，在晚间会更活跃。

第2步：把生肉切成硬币大小，系在长绳的一端，或放在鱼钩上做成饵。在肉旁边加上一个钓坠或在绳上系上一块石头。（图1）

第3步：把饵放入水中，等待5～10分钟。在不同的地方放置饵，深浅不一。

图1：把生肉系在线上，再用钓坠或石头增加重量。

图2：把饵拉出水面，放到罐子里。

图3：用放大镜来寻找涡虫。

第 4 步：往收纳容器内注入钓虫区域里的水。

第 5 步：等时间到了，慢慢地把肉拉出水面，放入容器里。（图 2）

第 6 步：用放大镜观察生肉上的涡虫，它们身体柔软，不分节，扁扁平平，头部呈尖形。如果你在生肉上找不到它们，把饵再次放进水里放置 3~4 分钟，然后再查看一次。（图 3）

第 7 步：用放大镜或显微镜观察钓到的涡虫。在实验日志上画出它们的样子，记录观察结果。（图 4）

奇思妙想

1. 研究涡虫对光会有什么反应。

2. 给涡虫喂鱼食，偶尔换换水，使它们在罐子里存活下去。它们喜欢低温，自来水中的氯会杀死它们，所以要使用瓶装水。

科学揭秘

和某些寄生虫不同，涡虫具有惊人的再生能力。实际上，如果把它们一切为二，头的部分会长出一个新的尾部，而尾部也会长出一个新的头部，变成了两条涡虫。只要是在合适的环境里，不管怎么切割它们，每一段最终都可以长成一个完整的个体。

涡虫有基本的神经系统，大部分的感觉器官都长在头部附近。如果将它们放大观察，可以看到突出的眼点，这不是真正的眼睛，只是帮助它们感光的感光器。

因为没有胸腔，涡虫用下面一个叫咽的开口处进食，利用一种叫焰细胞的特殊细胞来排泄。涡虫属于食腐动物，吃腐烂的有机生物和小型无脊椎动物，所以可以用生肉作饵。

蚯蚓开会

实验材料

→ $\frac{1}{3}$ 杯（79 毫升）芥末
→ 4 升水
→ 空的牛奶桶（或其他大容器）
→ 棍子（或树枝）
→ 装蚯蚓的容器

安全提示

— 避免让芥末水溅到眼睛里，会有刺痛感。
— 可以在草丛茂盛的院子里找到许多蚯蚓。

把芥末水倒在地上，刺激蚯蚓爬行到地面，这样就可以抓到它们啦！

图 4：观察蚯蚓。

实验步骤

第 1 步：把芥末倒到牛奶桶或大容器里，加水搅拌直至溶解。（图 1）

第 2 步：用树枝或棍子在地上划出一块 30.5 厘米 × 30.5 厘米的区域。

第 3 步：把一半的芥末水倒在划出的地面上。（图 2）

第 4 步：当蚯蚓从地里爬出来时，抓住并把它们放进容器里。（图 3）

图1：把芥末溶于水中。

图2：把芥末水倒到地上。

图3：赶紧抓蚯蚓！

第5步：等蚯蚓不再出现，再把剩下的芥末水倒到地上，等待藏在土壤更深处的蚯蚓爬出来。

第6步：观察抓到的蚯蚓。（图4）

奇思妙想

1. 看看在不同的环境里分别抓到多少蚯蚓。

2. 查找资料，识别找到的蚯蚓。

科学揭秘

很久以前，冰川使得北美本地的蚯蚓都灭亡了。所以，现在北美的蚯蚓都不是本地的物种。几个世纪前，欧洲的土壤和植物把欧洲正蚓带到了北美。虽然它们能疏松土壤，但也会对早已习惯没有蚯蚓的北美林地产生危害，因为它们会把森林落叶层中的有机物快速消耗掉，破坏了那些需要在缓慢腐烂的落叶层中才能正常生长的植物。

近来，在北美出现了一些新种类的蚯蚓。例如亚洲的远盲蚓属，它们繁殖迅速，只要几条就能在一个地方长期存活，对当地的林地造成了一定伤害。

因此，为了防止外来种蚯蚓的入侵，北美国家会建议人们不要把用作鱼饵的外来种蚯蚓随意地扔在森林、肥料和水里，而是应该扔到垃圾堆里。

混一混，搅一搅，奇迹发生了

——野餐桌上的化学

大家往往以为化学实验只能在室内进行，其实在任何地方我们都可以制造出化学反应。

将厨房里的化学品带到户外做实验吧，这样就不用担心将室内弄得一团糟啦！在户外找一处地方，约上左邻右舍的小朋友一起吹出巨型泡泡、制作奇妙的魔力球，或者支个路边小摊出售自制的润唇膏。你家门前的草坪将会变成附近最受欢迎的地方。

无需费什么工夫，你便可以将一张野餐桌变成实验桌，可以在实验桌上将化妆品类的化学品同椰子油、蜂蜡、各种味道的饮料混合在一起，制作出润唇膏。吹出巨大的泡泡并不只是一项有趣的游戏，

你可以从中学到表面张力的科学原理。如果愿意试着将小苏打和白醋混合在一起的话，你将会爱上泡沫史莱姆这种奇怪的材料。

这一单元还为小小艺术家们设计了一些活动，你将学到如何使用玉米淀粉、水和食用色素制作简单的湿壁画。真正的湿壁画是在石灰、沙土和泥土的潮湿表面所作的画，由于某种化学反应，湿壁画可以历经几千年仍然栩栩如生，而你所作的简易湿壁画仅需要一根用于浇花的软水管对其喷水就能轻松洗掉。

泡沫史莱姆

将两项经典实验合二为一，让彩色的泡沫史莱姆从瓶中喷涌而出吧！

实验材料

→ 一瓶未启封的塑料瓶装水（235 毫升）
→ 纸（用于制作漏斗）
→ 含有四硼酸钠（如硼砂）的洗洁剂
→ 小苏打
→ 纸杯
→ 胶水
→ 白醋
→ 食用色素
→ 记号笔

安全提示

— 年幼的孩子需要在成年人的监护下完成实验，谨防他们误食洗洁剂。
— 将含有洗洁剂的瓶子做上标记。

图3：观察泡沫史莱姆是如何逐渐形成的。

实验步骤

第 1 步：揭掉瓶装水的标签，打开盖子，倒出约 60 毫升的水。

第 2 步：用纸做成漏斗，往瓶装水里添加 1 勺（5 毫升）洗洁剂和 5 勺（23 克）小苏打。盖好瓶盖

图1：把洗洁剂和小苏打放入水中。

图2：把醋和胶水混合物倒入洗洁剂与小苏打的混合溶液中。

后充分摇晃瓶子。给瓶子贴上标签"洗洁剂—小苏打"。（图1）

第3步： 在一个纸杯或小型容器中倒入2勺（30毫升）醋、2勺（30毫升）胶水、几滴食用色素，用棍子或勺子充分搅拌。如果使用的是纸杯，在纸杯的一边捏出一个倒水口。

第4步： 摇晃装有洗洁剂和小苏打的混合溶液的瓶子，将它放置在托盘上，打开瓶盖。

第5步： 快速地将胶水和醋的混合溶液倒入瓶子中。（图2）

第6步： 观察生成泡沫史莱姆的化学反应过程。当瓶子停止"喷发"泡沫黏液时，将黏液从瓶子中挤出来。（图3、4）

图4：将泡沫从瓶子中挤出。

奇思妙想

1. 在胶水溶液中倒入一些水，看看会发生什么情况。

2. 试试看，在实验中分别放入不同分量的小苏打和醋，化学反应是否会有什么不同。

科学揭秘

聚合物由长链分子构成，就像一条项链上的珠子。事实上，聚合物这个词的意思就是指"许多片"。胶水含有一种叫做聚醋酸乙烯酯的化学物质，它就是一种聚合物，当它与水或者醋混合时会变成黏液状。然而，如果在胶水中倒入四硼酸钠（一种交联键），所有的胶水分子就会连接起来形成一个大水珠。

将小苏打（碳酸氢钠）和醋（乙酸）混合在一起，就会发生化学反应，产生二氧化碳气体。

将胶水和醋的混合溶液倒入小苏打和洗洁剂的混合溶液中时，小苏打和醋发生了化学反应，产生二氧化碳气泡，同时胶水分子也连接在了一起，将气泡困在胶质聚合物黏液里。当气泡在不断增加的压力下从瓶子里被挤出来时，你就能看到黏液——泡沫史莱姆从瓶子中源源不断地涌出。

巨 型 泡 泡

实验材料

→ 厨房用的棉线（约 137 厘米长）

→ 2 根（30.5 ～ 91.5 厘米长）小棍

→ 金属垫圈

→ 6 杯（1.4 升）蒸馏水或纯净水

→ $\frac{1}{2}$ 杯（64 克）玉米淀粉

→ 1 勺（14 克）发酵粉

→ 1 勺（20 克）甘油（可用玉米糖浆替代）

→ $\frac{1}{2}$ 杯（120 毫升）洗洁剂

→ 盘子

安全提示

— 洗洁剂成分不同，可以尝试不同类型以达到最好的效果。

— 在潮湿且无大风的天气下，该实验可达到最佳效果。

调制一种打破表面张力且挥发缓慢的泡泡水，用它来制造巨型泡泡吧！

实验步骤

第 1 步：将棉线一端系在一根小棍的一端。将棉线穿过 1 块金属垫圈后，系上另一根小棍，两棍间棉线长 91 厘米，垫圈悬在中央。再将棉线系回第一根小棍，两棍间棉线长 46 厘米。棉线在两根小棍间形成一个三角形。（图 1）

第 2 步：将水和玉米淀粉混合，再将其他配料（发酵粉、甘油、洗洁剂）全部倒入充分混合，但是不要搅出小泡泡。（图 2）（可选步骤：将溶液静置 1 小时，使用前轻轻搅拌。）

第 3 步：将两根小棍叠在一起拿在手中，让垫圈悬挂在棉线的中央，将棉线全部浸入制作好的泡泡水中。（图 3）

第 4 步：小心地将棉线从泡泡水中提起，缓慢地分开两根小棍，你会看到在棉线构成的三角形区域中出现了一层泡泡水薄膜。

第 5 步：倒退着走或者用嘴吹出泡泡。你可以通过将两根小棍合并在一起来"关闭"泡泡。（图 4）

图1：用小棍、棉线和垫圈制作一个吹泡器。

图2：调制泡泡水。

图3：将吹泡器上的棉线插入泡泡水中。

图4：制造一些巨型泡泡！

奇思妙想

1. 为了防止水分蒸发，我们还可以在泡包水中加入哪些其他物质呢？

2. 用更长些或者更短些的小棍来制造次泡器的话，吹出的泡泡会受到怎样的影响呢？

3. 尝试使用不同的配方来改善泡泡液的性能，其他牌子的洗洁剂是否可以达到同样的效果？

4. 如果在泡泡水中加入香草精油或薄荷精油能制造出有香味的泡泡吗？它们会对浸出来的泡泡薄膜产生影响吗？

5. 你能够在一个泡泡中吹出另一个泡泡吗？

6. 试试看在冬天吹泡泡，泡泡能够保持更长时间吗？与温暖的天气里所做的实验相比，泡泡是沉下去了还是升起来了？为什么？

科学揭秘

水分子喜欢聚集在一起，科学家将这种有吸引力和弹性的趋向称为"表面张力"。然而，诸如洗洁剂分子之类的表面活性剂是含有疏水端（排斥）和亲水端（亲水）的，这使得它们能够很好地降低水的表面张力。

将洗洁剂加入水时，降低了表面张力的液体使你能够制造出一种由两层洗洁剂分子夹着一层水分子的三明治型的薄膜，这层薄膜包裹住一大团空气，就形成了你吹出的泡泡。

泡泡会努力变圆，是因为泡泡内部的气压要略高于泡泡外部的气压，表面张力会迫使它们的分子结构重新排列，从而使表面积尽可能变小，而在所有的三维形状中，球体是表面积最小的形状。当然，其他一些推动力，比如你的呼吸或者一阵微风，都可以影响到泡泡的形状。

由于水层表面会挥发，水和洗洁剂的分子层厚度一直在发生细微的变化，光线从不同角度照射在洗洁剂层表面时，会出现反射并且反射光会相互影响，因此泡泡会呈现出五彩缤纷的颜色。用甘油或玉米糖浆调制出来的溶液能够减缓水的蒸发速度，令泡泡存在时间更久。

湿壁画艺术家

实验材料

→ 玉米淀粉（454 克）

→ 略少于 1.5 杯（355 毫升）紫甘蓝汁（见［注意事项］，用于画酸碱中和型湿壁画），或者 1.5 杯（355 毫升）水（用于画湿壁画）

→ 托盘或烤盘（可选）

→ 小苏打和白醋（用于画酸碱中和型湿壁画）

→ 食用色素（用于给湿壁画上色）

→ 牙签或牙刷

→ 杯子

→ 盘子

安全提示

— 切煮紫甘蓝的操作需要在成年人的看护下进行。

— 食用色素有可能在水泥上留下印迹。

用玉米淀粉和水创作一幅杰作，唤醒你内心深处的艺术潜能吧！

图4：用食用色素绘制湿壁画。

实验步骤

第 1 步：将玉米淀粉和水（或紫甘蓝汁）混合，可以用手来搅拌。制造出来的混合溶液看起来有点像胶水，很好玩。（图 1、2）

第 2 步：在车道或人行道上找一处干净平整的地面，将混合溶液倒上去。也可以将混合溶液倒在托盘或烤盘上。

第 3 步：待混合溶液平滑覆盖在地面后，静置 5 ~ 10 分钟后，就可以在上面作画了。

第 4 步：在用紫甘蓝汁制成的材料上作画时，将醋倒入一个杯子，将几大勺（40 ~ 50 克）小苏打和 $\frac{1}{4}$ 杯（60 毫升）水混合倒入另一个杯子，用牙签或牙刷蘸取小苏打溶液或醋作为作画的颜料。在用水和玉米淀粉制成的材料上作画时，将食用色素放在盘子里，用牙签或牙刷蘸取色素作为作画的颜料。（图 3、4）

图1：混合玉米淀粉和水。

图2：混合物呈胶状，可以玩出很多乐趣。

第5步：晾干创作完成的湿壁画。将它们静置时，有什么现象发生吗？

第6步：用水管冲洗掉你的湿壁画。

注意事项：

　　制作紫甘蓝汁的方法如下，切碎半颗紫甘蓝，加入刚好没过菜叶的水量，煮5分钟，滤掉菜叶渣。

奇思妙想

　　1. 你可以找到其他家用型的酸或碱，创作酸碱中和型的湿壁画吗？

　　2. 如果在作画之前，让壁画材料——玉米淀粉自然干燥，会发生什么呢？

图3：用醋或小苏打溶液作为颜料，在用紫甘蓝汁制成的材料上创作湿壁画。

科学揭秘

　　在这个实验里，你所玩的游戏是在一个湿润的、类似于石膏状的表面上作画，而这个表面正是利用玉米淀粉和水混合制造出的非牛顿流体。这种物质被称为非牛顿流体是因为它不像我们所熟悉的液体那样流动，当你搅拌它或快速挪动它时，它反而更像固体。

　　当你使用食用色素作画时，就和画真实的湿壁画一样，以水为基础的色素（彩色分子）被玉米淀粉混合物吸收，并且由于玉米淀粉混合物非常黏稠，色素不会晕开。

　　如果你所尝试的是酸碱中和型湿壁画，你会看到用醋（一种酸）在壁画材料上画出的是粉色的线条，而用小苏打溶液（一种碱）所画出的是蓝色或绿色的线条。紫甘蓝汁里所含的色素分子是一种酸碱中和指示剂，它会根据 pH 值的变化，吸收不同的光线呈现出不同的颜色。

自制润唇膏

实验材料

- → 微波炉专用碗
- → 椰子油
- → 蜂蜡
- → 彩色的饮料调色剂（或速溶的调味剂）
- → 一些用于装唇膏的有盖小容器（如空的隐形眼镜盒等）
- → 用于搅拌的牙签（或小棒）

安全提示

- — 加热和倾倒步骤必须由成年人完成，或者孩子必须在成年人的看护下操作，防止烫伤。
- — 如果在倒入小容器之前蜂蜡和椰子油的混合液已经变干，可以将其再次加热。

自己制造一些润唇膏吧！

图4：为你的朋友们制作润唇膏。

实验步骤

第1步：按照2:1的比例将椰子油和蜂蜡放入微波炉专用碗中，例如，8勺（118毫升）椰子油配4勺（59毫升）蜂蜡。

第2步：将其放入微波炉加热，每30秒取出搅拌一次，直至蜂蜡完全融化并且混合溶液变得清澈。（图1）

第3步：等待溶液略微冷却，如果溶液变浑浊或变白了，你需要重新加热。

第4步：在溶液冷却过程中，将一两滴任意气味的调色剂倒入备好的润唇膏容

图1：融化椰子油和蜂蜡。

图2：将饮料调色剂混入润唇膏。

器中。

第5步： 仔细地将一部分热的油蜡混合溶液倒入一个润唇膏容器中，用牙签搅动。加入调色剂后继续搅动直至润唇膏冷却变成平滑膏状。重复上述步骤直至装满之前准备好的所有盛放润唇膏的容器。（图2）

第6步： 待润唇膏完全冷却后，用冰棍棒（或在热水中浸热并烘干后的金属勺的背面）将润唇膏抹平。

第7步： 试用润唇膏，保存好送给你的朋友们，也可以在路边小摊上兜售它。（图3、4）

图3：在自己搭建的路边小摊上展示并售卖润唇膏。

奇思妙想

你可以设计你自己喜欢的润唇膏配方，但要事先调研你所准备的配方中所有配料的安全性并且在润唇膏上贴上标签，注明其中可能引起过敏的成分。

科学揭秘

在化妆品公司工作的科学家们一直致力于做出平滑、保湿、好看且不会伤害皮肤的唇膏和美容品。设计出合适的配方并非易事，同时，他们还要考虑一些其他因素，比如成本和保质期等问题。

椰子油其实是一种脂肪和油的混合物，它在室温下呈固体状，但一受热就很容易融化。这个实验所制作的混合物中，椰子油扮演的是润肤保湿的角色，也就是润肤剂，它能够形成一层屏障，保护嘴唇本身的水分不流失。

蜂蜡在高温下才会融化，在室温下会变回固体，在润唇膏中它扮演着增加浓稠度的角色。由于水和油很难融合，而彩色调味剂的主要成分是水，因此将它们放入逐渐冷却的油蜡混合液中时需要不停搅拌，直至它们变成微小水珠构成的悬浮物，这时的溶液也就变成了我们所说的乳状液。当润唇膏冷却后，蜡会立刻凝固住整个溶液，这样油成分就不会散开了。

会变身的魔力球

实验材料

→ 2 杯（475 毫升）植物油，装在长高型容器中（如罐子或玻璃杯）

→ 1 杯（235 毫升）水

→ 5 包（每包 7 克）无味明胶或 3 勺（44 毫升）琼脂

→ 炖锅（或微波炉专用碗）

→ 食用色素

→ 软塑料尖嘴瓶（或空的挤压式胶水瓶）

安全提示

— 孩子进行微波加热和倾倒滚烫液体的操作必须在成年人的看护下进行。

— 要防止孩子吞食实验中制作出的小球。

— 如果多人一起做实验，最好准备两个或更多的冷却过的盛着油的容器，这样当油回温时你们可以调换备用容器。

制作晾干后会缩水的彩色魔力球吧！

图5：将魔力球脱水后放在盘中。

实验步骤

第 1 步：将盛有植物油的容器放在冰块上冷却，直到变冷但不要结冻。（图 1）

第 2 步：将水倒入微波炉专用碗内，用微波炉加热，或倒入炖锅中用炉火加热。将无味明胶或琼脂倒入一杯热水中融化。如果需要，可以继续用微波或炉火加热，继续搅拌溶液直至粉末完全融化。（图 2）

第 3 步：在每一个准备好的软塑料瓶里倒入几滴食用色素。

第 4 步：略微冷却一下热的琼脂或明胶溶液。在它们变凉但尚未凝固时，将它们分别倒入每个软塑料瓶中，摇晃瓶身使色素完全混合入溶液中。

第 5 步：将冷却好的油从冰箱或冰块上拿过来。

第 6 步：缓慢地将明胶或琼脂溶液挤入冷却后的油中，每次挤几滴进去，这样它们就会变成小石子大小的小球并沉入油的底部，待它们冷却 30 秒左右的时间。做出 10 个左右小球后，用漏

图1：将盛有植物油的容器放在冰块上冷却。

图2：将明胶或琼脂倒入热水中。

图3：将琼脂滴入冷却后的油里。

图4：制造出更多的魔力球。

勺或滤网取出。（图3）

第 7 步：用水反复冲洗小球。如果需要制作更多小球的话，重新冷却植物油，直到做出想要的数量。（图4）

第 8 步：取一些小球放在盘子上晾一整夜，观察它们干燥后缩水变小的样子。将它们重新放入水中，观察会发生什么现象。你可以将它们用塑料袋装好放在冰箱中保存起来。

科学揭秘

一些厨师会将意大利香醋、果汁等各类材料混合明胶和琼脂，制作出可以食用的小颗粒。这样的制作方法被称为分子美食学，利用的就是油水不相融的原理。明胶和琼脂是胶质物，当它们冷却时会固态化，所以小水滴落进冷却后的油中，由于表面张力原理，会变成完美的小球状。

奇思妙想

如果想要制作可以漂浮起来的魔力球，可以用 1 杯白醋（235 毫升）和 3 勺（24 克）琼脂制作小球溶液，然后重复上述步骤。将小球倒入含有几勺（14～18 克）小苏打的水中，这些小球就会因为醋和小苏打反应所释放出的二氧化碳气体而浮在水面上。

如果想要制作会变换色彩的魔力球，可以将 3 勺（24 克）琼脂融化在 1 杯（235 毫升）紫甘蓝汁里（用水煮紫甘蓝），仍旧按照上述步骤制作小球。将小球放入醋中，它们会变成粉色，而放入含有小苏打的水中，它们又会变成蓝色。

单元 5
小小园艺师
——神奇的植物学

青苔是一种很有意思的古老植物，它们依赖于互相帮助的邻居们而得以生存。

因为没有可以储水的组织和结构，它们长不高，只能互相依靠，大片生长，像铺开的丝绒地毯一般。数量众多保证了它们的安全，而且青苔覆盖处的其他生物也帮助它们即使直接暴露在严酷环境中也能生存。青苔是少数可以在极寒条件下甚至南极洲生长的植物之一。它们不需要多少光线，环境变得恶劣时，它们会进入休眠状态。科学家们甚至在冰川下发现了青苔。

尽管它们通常依赖潮湿的环境，需要从雨、雾和露水中获取水分、营养，甚至进行繁殖周期的部分环节，但青苔基本可以在任何地方生长。它们产生可以随风飘扬的孢子，在远离父母的新土地上生长出新的青苔。

我们还可以用更多更复杂的植物来做有趣的实验。除了和青苔亲密接触外，这个单元还提供了丰富的创意来帮助你探索：植物是如何生长、开花、获取光照以及制造氧气的。

实验 19

向着阳光生长

实验材料

→ 豆子（或向日葵籽）
→ 小杯子若干
→ 2 个鞋盒
→ 正方形硬纸板
→ 剪刀（或美工刀）
→ 管道胶带
→ 泥土（或盆栽土）

安全提示

— 比较小的孩子切割纸盒时需要成年人帮忙。
— 豆子或其他植物种子会给年幼的孩子带来窒息的危险。

在这个神奇的实验中，观察植物是如何追寻着阳光而生长的吧！

图4：观察盒子里的植物是如何生长的。

实验步骤

第 1 步： 将 2 ~ 3 个小杯子装满泥土，种上 1 ~ 2 颗豆子或向日葵籽。浇水，让泥土湿润，让它们生长几天，等待发芽。发芽后再次浇水，然后把它们放到做向光性实验的盒子里。（图1、2）

第 2 步： 在第一个鞋盒上标记 A，将其侧翻，长边的一面落地，在朝上的那面的角落处剪开一个口。

第 3 步： 在第二个鞋盒上标记 B，将短边的一面放在地上，这样盒子就高高地直立起来了。在朝上的那面的角落处剪开一个口。

第 4 步： 剪一块比 B 盒的宽度短一些的硬纸板，用胶带将硬纸板粘在 B 盒开口面的下方平行位置，离盒底大约 18 厘米。如果植物放在开口的正下方，硬纸板应该能完全挡住从开口透进的光照，但硬纸板旁边又留有足够的空间可以让植物生长。（图 3）

第 5 步： 将一盆发芽的植物放进 A 盒里，光照口朝上，用胶带将其固定在盒内，盖紧盒子。

图1：把泥土放进小杯子里。

图2：种上种子，如豆子或向日葵籽。

图3：用硬纸板在盒子里做一个光照迷宫。

第6步：把另一盆发芽的植物放进 B 盒里，用胶带将其固定在遮光纸板的正下方，迫使植物只能从纸板对面没有遮挡的空间处追着光照而生长。盖紧盒盖。

第7步：把两个盒子放置在阳光充足的地方一段时间。每两天左右给植物浇浇水，观察它们的生长。（图4）

奇思妙想

1. 你还能想出其他的实验来研究植物的向光性吗？怎样检验植物的根会感知重力而向下生长？

2. 尝试在盒子里做更复杂的迷宫，观察植物如何曲线生长去追寻光照。哪些种类的植物最适合做光照迷宫实验？

科学揭秘

英文中"tropos"一词来源于希腊语，有转向、反应、回应、改变的意思。植物必须对外界的各种刺激做出反应才能生长生存。重力让植物的根朝泥土下生长，泥土里也更可能含有水分。

对绝大多数植物来说，光照也是必需的，它们需要阳光和二氧化碳来产生能量。向光性一词的前半部分"photo"表示光线、光照，所以科学家们用向光性（phototropism）这个词来描述植物转向有光照的方向生长的这种趋势。

在这个实验中，在一个只有单个光源的盒子里种了一两颗种子，并在它们追寻光照的途中设置了一些障碍。植物种子里储存了足够的能量可以让它们开始生长，但是你会发现随着它们长大，它们会绕过障碍去找到光源。

会生长的青苔画

实验材料

→ 小心地从地上、树上或岩石上刮下来的几簇青苔（见［注意事项］）
→ 放大镜
→ 2 个或更多用来养青苔的容器
→ 小石头（或鹅卵石）
→ 喷雾瓶
→ 盆栽土
→ 用于制作青苔颜料的搅拌机、脱脂牛奶和画笔（可选）

安全提示

— 孩子搅拌青苔颜料汁时，成年人应在一旁照看。
— 青苔画需要经常喷雾加水，并可能需要超过一个月的生长期，因此要有耐心。
— 青苔画最适合生长在类似你发现有青苔生长着的地方。

用植物世界的古老奇迹创造出绒绒的青苔花园和鲜活的画作吧！

图4：把青苔汁涂画在不同的表面上。

实验步骤

第1步： 收集青苔，用放大镜观察。记录下每一种青苔的样子，并标记发现它们的地方。把每一种青苔样本分成两簇或者更多份。（图1）

第2步： 在装有小石头的容器内种上不同种类的青苔。加水，让水没过青苔底部但不要盖过青苔。

第3步： 在第二个容器里装上盆栽土，按照第一个容器的样子种上青苔。浇水，让泥土湿润但不要太湿。（图2）

图1：用放大镜观察青苔。

图2：在岩石上和泥土里种植青苔。

图3：将青苔和脱脂牛奶搅拌在一起。

第4步：将一大簇青苔和 $\frac{1}{2}$ 杯（120毫升）脱脂牛奶混合搅拌。用画笔蘸取青苔牛奶汁在不同的地方作画，观察它们在哪里生长得最好。（图3、4）

第5步：每天给青苔画喷雾一到两次，并按需要给青苔底部的小石块或泥土浇水。

第6步：在你的实验日志上记录青苔的生长情况，观察它们更喜欢什么样的环境。

注意事项：

在你的实验日志上记录下每一簇青苔的来源。

奇思妙想

1. 在树苔中找找缓步类动物（见实验2）。
2. 在户外环境中复制这个实验，用你学到的知识打造一座健康生长的青苔花园。
3. 给干青苔浇水，一次一滴，用显微镜观察会发生些什么。

科学揭秘

科学家们已经发现了上万种的青苔。同属于苔藓植物门，不同种类的青苔所要求的生长条件也不尽相同。青苔是讨厌竞争的，所以你往往会在其他植物不太能生长的地方找到它们，比如岩石上、硬实泥土里或木头上。一些青苔喜欢光照，一些则隐藏在幽暗的洞穴里。它们没有花也没有真正的根，但它们有一种叫假根的组织帮助它们固定在地面上。

青苔没有运送水分的结构，因此需要直接从环境中吸收水分生存。它们非常善于获取和吸收水分，大面积生长在一起也让它们像海绵一样可以保持水分。

在这个实验里，你可以检验不同的青苔如何在不同的条件下茁壮生长或枯萎。将青苔和其他潮湿、有黏性的配料一起搅拌可以制作青苔汁颜料，把它画在直立的表面上，可以建造出一座新的青苔花园。

花瓣烟花

实验材料

→ 鲜花
→ 胶水（或双面胶、蓝丁胶）
→ 大张的纸（或广告板、泡沫板）
→ 剪刀

安全提示

— 帮助孩子把蓝丁胶固定在纸上做
　成同心圆，这样孩子可以很容易地
　把花瓣粘在胶点处。
— 提醒孩子在采摘鲜花前要得到许可。

把花朵解剖一下，制作一张分解示意图吧！

图5：比较不同花朵的分解图。

实验步骤

第1步：采摘一些新鲜的野花或花园里的鲜花。（图1）

第2步：从花萼或外部的小绿叶开始由外层向内层扯下花瓣。将叶子和花瓣一片片粘贴在纸、广告
　　　　　板或泡沫板上，粘贴成一个大的圆形。（图2）

第3步：继续从外向内扯下并粘贴花瓣和花的其他部分，按照一层层朝向圆心的同心圆形状粘贴在
　　　　　纸或白板上。（图3）

图1：摘一朵花。

图2：从外向内扯下花瓣，粘贴到纸上。

图3：用花瓣做成朝向圆心方向的同心圆。

图4：认识花的组成部分。

第4步：将花心部分粘贴在纸的中心。把花茎粘贴在你喜欢的位置。

第5步：上网查找资料，认识花的不同组成部分。（图4）

第6步：比较用不同花制成的分解示意图。（图5）

奇思妙想

1. 试着去找找只有雄蕊或只有雌蕊的花（提示：瓜类蔬菜）。

2. 做一朵小花的分解图，压在两页厨房油纸之间，夹在书中变干。

3. 可以有创意地把几朵花的分解图重叠在一起，把相似的部分排列在一起。

科学揭秘

花朵的每一个部分都对产生种子起到重要作用。萼片可以保护生长的蓓蕾，颜色鲜艳的花瓣则可以吸引传播花粉的昆虫、鸟类甚至蝙蝠。

有的花朵只有雄蕊，有的花朵只有雌蕊，有的两者兼有。雄蕊有长长的丝线一般的花丝，可以支撑装满花粉的花药。花粉是一种细粉末状的物质，通常是亮黄色。雌蕊包括柱头、花柱和子房。黏性的柱头位于花柱的上方，向下则通往花朵的子房。

授粉时，花粉集中在柱头上，向下通过花柱使胚珠受精，子房部分最后就变成了种子。

很多花朵还会产生香甜又营养丰富的花蜜来吸引传粉者。植物授粉对人类也是极为重要的。美国农业部称，全世界所有农作物中，约80%需要动物比如蜜蜂来传播花粉。

水下的氧气工厂

实验材料

→ 池塘或湖里常见的水生植物
→ 运送植物的容器
→ 大塑料容器
→ 水
→ 至少 2 个小型的透明容器（如玻璃杯或试管）

安全提示

— 避免让孩子单独靠近水。
— 不要使用濒危的水生植物。
— 实验后应把所使用的水生植物制成堆肥或丢弃。

观察水生植物是如何在水下制造氧气的吧！

图4：观察水中氧气泡的产生。

实验步骤

第 1 步：采集水生植物。（图 1、2）

第 2 步：在一个大容器内装上自来水。如果条件允许，可以将水提前放置一晚去除氯气。将小型的透明容器浸没在水下，倾斜放置去除所有的气泡。

第 3 步：切下所采集植物的部分分支，先放在大容器的水中，摇晃以去除空气，然后放到置于水中的一个小透明容器中。放置时茎朝上，这样植物原本的顶端被封闭在小容器内。保持装有植物的小容器浸没在水下，再将其倒转，避免空气进入。如果你用的是试管，可以将它们先放在小杯子或烧杯里而不是大容器里，这样它们被倒转后才不会翻倒。（图 3）

第 4 步：将没有放植物的另一个小型的透明容器在水里倒转过来，这是你的对照组。如果还有多余的植物和容器，重复第 3 步，为实验多增加一些样本。

图1：采集水生植物。

图2：将采集到的植物装在容器里带回家。

图3：将水生植物浸没到放在大容器里的上下倒转过来的小玻璃容器里。

第 5 步：将容器放在充足的阳光下或靠近强灯光源几个小时，然后观察。你会看到植物进行光合作用所产生的氧气泡。（图 4）

奇思妙想

1. 如果在没有光照的房间里重复这个实验，会发生什么？

2. 自来水中含有一些二氧化碳。如果用湖水或池塘里的水，实验结果会怎样呢？

科学揭秘

植物能给我们提供食物，也是我们的朋友。事实上，没有植物我们人类无法生存。

我们的这些绿色伙伴非常擅长重组化学物质。利用太阳的能量、一种叫做叶绿素的吸收光线的绿色素以及一种叫做光合作用的过程，植物可以把水和二氧化碳变成糖分（葡萄糖）和氧气。这种富含营养的糖分给植物的生长生存提供了所需的能量。

植物和其他有机物，如藻类，可以利用阳光或化学能量将二氧化碳等无机物合成为自己的食物。多亏了它们，地球才有富含氧气的大气环境让我们人类得以生存。

迷你小树

实验材料

- → 松果和其他树木种子
- → 平底锅（或烤盘）
- → 镊子
- → 装有水的杯子（或小容器）
- → 2 个透明的塑料密封袋
- → 沙子（或泥炭土）
- → 纸巾
- → 小石块
- → 盆栽土
- → 小花盆
- → 塑料袋

安全提示

— 从种子到长成松树需要几个月的时间。但是你可以种植在春天掉落的枫树种子，它们长得很快。如果你想在冬天用松树种子做这个实验，可以先把种子储存在冰箱里。

— 误吞种子会给孩子带来窒息的危险。

一起见证一颗种子长成迷你小树吧！

图5：当小树苗长得足够强壮时，移植到户外。

实验步骤

第 1 步： 在秋天时收集完全闭合或部分闭合的松果和一些其他树木的种子，比如枫树种子。（图 1）

第 2 步： 将松果放在平底锅或烤盘上几天，等待其干燥后完全打开，松树种子掉落出来。（图 2）

第 3 步： 用镊子把剩余的松树种子从松果中夹出来，放到盛有水的容器中。

第 4 步： 丢弃浮在水上的种子，因为它们可能不会萌发。拿出沉在水底的种子，静置干燥。

第 5 步： 把湿润（但不要湿透）的沙子（或泥炭土，或等量沙子和泥炭土的混合物）装入一个密封袋里。把松树种子也放进去。封好袋子，只留一个小口透气。将袋子放入冰箱 3 ~ 6 周。

第 6 步： 如果选择用的是枫树种子，将其从状如直升机机翼般的外膜中取出来，然后把种子包裹在湿的纸巾中放入另一个密封袋里。将袋子半封口，放入冰箱 8 周。（图 3）

图1:收集松果。

图2：晒干松果，让松子从里面掉落出来。

图3：将种子冷藏一段时间或立即种植。

图4：将种子种植于盆栽土壤中。

科学揭秘

很多树木的种子不会马上萌芽或生长，因为它们处于休眠状态。休眠就是"好像睡着了"的意思。要叫醒这些种子，需要软化它们厚厚的外壳，或用一种叫破皮的过程分解种子壳。

很多树木都是在春天开始生长的，因此一些种子需要先经历一段寒冷期才能生长。你可以给种子模拟冬天的环境，这一过程在园艺学中称之为层积催芽。这就是在种植这些种子之前要先把它们在冰箱里放几个星期的原因。

第7步：每周检查一下种子。如果种子开始发芽了，就把它们从冰箱中拿出来种植(见第8步)。

第8步：种子在冰箱中放置足够时间后，把小石块和泥炭土、沙子、盆栽土的混合物都放到小花盆里。把种子埋在距离表面7～10厘米深的位置，定期浇水保持土壤潮湿。(图4)

第9步：当种子长高长壮到足以生存下去，环境也足够温暖时可以挖开土壤，将它们移栽到户外的新家。（图5）

奇思妙想

1. 还可以用什么种子种出小树？

2. 研究并实验树木种子的不同破皮方法。

单元6

和空气、阳光一起玩耍

——大气和太阳能科学

极光是一种神奇的现象，过去人们曾认为极光是远古祖先的灵魂、远处篝火发出的光或战争和饥荒的预兆。

随着现代科学的进步，我们现在知道绚丽壮观的极光并不是远古神祇激战的结果，而是由粒子碰撞产生的。高能粒子流（也被称为太阳风）不断脱离太阳重力奔向地球，而太阳表面的大爆发以及太阳耀斑偶尔也将这种粒子大量地向地球扩散。

地球是一个巨大的磁场，磁极位于南北两极附近。地球磁场将大部分的粒子阻挡在地球外围，但部分钻入磁场的粒子则向下集中到南北磁极附近。

这些高能粒子进入地球大气层时和地球气体碰撞，使氧分子、氮分子发出光芒，产生极光。极光的颜色取决于碰撞的气体成分以及碰撞产生的高度。极光有红色、绿色、蓝色或紫色，但最常见的还是绿色。

在这个单元，你将利用太阳和大气气体的能量来做实验。你也许无法复制极光，但你可以在瓶子里制造出一朵云，用太阳能来烤破一个气球，或用大气压力来玩一次纸牌魔术。

威力无穷的阳光

实验材料

→ 气球

→ 棉花糖

→ 放大镜

安全提示

— 这个实验只能在晴朗无云的天气进行。

— 建议实验时成年人在一旁陪同看护。

用太阳热能烤破一个气球或点燃棉花糖吧!

图4:看炽热的阳光会让棉花糖发生什么变化。

实验步骤

第1步:吹一个气球。(图1)

第2步:背对太阳站立。

第3步:一手拿气球,另一手拿放大镜将太阳光聚焦到气球上。前后移动放大镜,直到太阳光线聚焦到最亮最小的一点。

第4步:保持阳光聚焦直射,直到气球爆炸。(图2)

图1：吹一个气球。

图2：将太阳光聚焦在气球上直到气球爆炸。

图3：通过放大镜将太阳光聚焦到棉花糖上。

第5步：将棉花糖放在盘子里或路上，想办法支撑起放大镜，让太阳光通过放大镜聚焦到棉花糖上。图片里我们用了一个翻转过来的带排水孔的花箱作为支架。（图3）

第6步：每隔几分钟看一下棉花糖。当棉花糖开始冒烟时，把放大镜拿开。（图4）

奇思妙想

1. 试试用盛水的气球重新做一次这个实验。

2. 用不同颜色但同样大小的气球重复实验，看看颜色是否会对爆炸的时间有影响。

3. 衡量一下不同放大镜的焦距。（参见"科学揭秘"）

科学揭秘

你知道吗，我们其实可以用大块呈透镜形状的干净冰块来生火，能否成功取决于它的形状。

放大镜就是一块凸透镜，它的两面都是突出的碗状曲面。从放大镜一面照射进来的光线经过透镜发生折射，全部聚集到另一面的某一个点。光线聚焦的这个点就叫做焦点。

用放大镜对准气球的时候，如果放大镜拿得过远，光点会变大变暗。这是因为光线经过焦点之后又开始发散。

太阳光波中含有大量的能量，它和其他物质作用时可以将这些能量进行转化。当所有光线通过你手中的放大镜都射向那个小小的焦点时，这些能量可以将它面前的任何东西加热，不管是气球还是棉花糖。

你能够集中多少太阳热量取决于透镜的大小和形状。你觉得大透镜会比小透镜集中更多的热量吗？

太阳印花

实验材料

→ 叶子、花朵和草

→ 彩色图画纸

→ 塑料保鲜膜（或大块亚克力板，如树脂玻璃）

安全提示

— 这个实验最好在晴朗的天气、太阳直射的时候进行。

用太阳在纸上晒出图案，创作一幅值得装裱的艺术作品吧！

图4：这就是太阳印花！

实验步骤

第 1 步：收集形状有趣的花朵和叶子。

第 2 步：把一些彩色的图画纸放在阳光下的路面或其他平整的地方。

第 3 步：把花朵和叶子随意地摆放在纸上。（图1）

第 4 步：用塑料薄膜或树脂玻璃盖住花朵、叶子和下面的纸。有风的话，可以在上面加一块石头压住。（

第 5 步：几个小时后，拿掉塑料膜和植物，纸上会出现被太阳光印出来的花纹。（图3、4）

图1：把花朵和叶子放在图画纸上。

图2：用塑料薄膜盖住花朵和叶子，让它们不会被风吹跑。

图3：拿开塑料薄膜和植物，显示出图案。

奇思妙想

1. 试试不同时段的日光曝晒强度，看看阳光中的紫外线需要多长时间让纸张褪色。

2. 替换不同颜色的纸，测试哪些颜色更容易褪色。

3. 在一些纸上喷上防晒霜，把纸放在阴凉处晾干，再重复这个实验，看看会发生什么现象。

科学揭秘

地球的恒星——太阳会释放出庞大的能量。一些能量以光线的形式到达我们居住的地球并进入大气层。光在空间中以波状传播，就像大海的波浪一样，相邻光波之间的距离有的很远有的很近。

我们看到的颜色就是不同物体吸收可见光的结果，比如彩色纸。一些太阳光的波长很短，我们肉眼看不到。这些紫外线含有大量的能量，可以分解化学键。这些化学变化将永久改变物体（如彩色纸）吸收光的方式，从而改变它们的颜色。

在这个实验中，彩纸的一部分被花朵和叶子挡住，阻挡了紫外线的照射。拿开花朵和叶子时，会发现彩纸上留下了它们的印记，而彩纸的其他部分则被紫外线晒白褪色了。这很好地解释了为什么在树荫下可以保护你的皮肤不被紫外线照射到。

送你一朵云

实验材料

→ 充气针
→ 将软木塞横向切成两半（直径匹配
　　实验用到的塑料瓶）
→ 自行车打气筒
→ 护目镜
→ 2 勺（30 毫升）外用酒精（异丙醇）
　　或烈酒（乙醇）
→ 剥去包装的干净塑料瓶（2 升）

安全提示

— 由成年人进行切开软木塞的操作，
　　然后把充气针穿透过去。
— 孩子需要有成年人在一旁看护来
　　完成这个实验。异丙醇如果不慎进
　　入体内是有毒的。
— 实验中需要佩戴护目镜。
— 不要给瓶子过度充气，仔细地按照
　　实验步骤进行操作。

给塑料瓶加压，制造出一朵云吧！

图4：取出软木塞，瓶中出现了一朵云。

实验步骤

第 1 步：将充气针穿过被横切一半的软木塞，可以事先用开瓶器在软木塞上钻孔。
第 2 步：将充气针和打气筒连接。（图 1）
第 3 步：戴上护目镜。往瓶中加入酒精，滚动瓶身让瓶子内壁都被覆盖上一层酒精。（图 2）
第 4 步：用连有打气筒的软木塞结实地塞住瓶口。

图1：用打气筒连接穿有充气针的软木塞。

图2：让塑料瓶的内壁覆盖上一层酒精。

第5步：慢慢地向瓶内打气，直到感觉瓶身变硬。打气时需要扶住瓶口的软木塞，或者一人扶住软木塞另一人向瓶内打气。（图3）

第6步：让瓶底朝向远处，拿开软木塞，会看到瓶中升起一朵白色的云。（图4）

第7步：再用软木塞塞住瓶口，向瓶内打气，感觉瓶身再次变硬，这时云朵应该会消失。

第8步：取出软木塞。

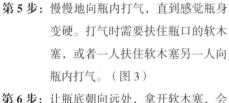

图3：向瓶内打气。

奇思妙想

1. 在这个实验中，还可以使用什么其他液体？
2. 可以用纯净水做这个实验吗？

科学揭秘

常温条件下，酒精会快速挥发到空中，变成看不见的气体。但是，就像水分子遇冷凝结成云一样，冷的酒精分子也可以聚集在一起形成一个个小小的酒精水滴，变成我们能够看见的云雾状。

在这个实验中，向内壁上涂抹了酒精的瓶内打气，增加了瓶内的气压。瓶中的一些酒精在开始打气前就已经变成了气体。随着气压的增强，瓶中的酒精蒸气分子、水分子、空气分子被挤压在一起，致使瓶中的气温升高。

去除木塞时，瓶内气压急速下降，瓶内的温度也快速回落。这让酒精分子和一些水分子凝结成水滴，在瓶中生成云朵。

如果再次用软木塞堵住瓶口，重新向瓶内打气，气压再次升高，温度也随之升高，分子又会重新变回看不见的气体。

倒不下来的水

实验材料

→ 杯子（用纸牌可以完全盖住杯口）
→ 一副纸牌
→ 水

安全提示

— 纸牌可能会因为被水弄湿而破损。
— 年幼的孩子做这个实验时可能需要成年人的帮助。

玩厌了老式的纸牌戏法？用这个让人印象深刻的实验让朋友们大吃一惊吧！

图4：大气压力托住了杯口的纸牌。

实验步骤

第1步：往杯子里加水，不要完全加满，杯子上方留出一部分空气。（图1）

第2步：用一张纸牌完全盖住杯口，保持纸牌平放，不要留任何缝隙。（图2）

图1：往杯子里加水。

图2：用一张纸牌盖住杯口。

第3步： 一手平放在纸牌上，不要折弯纸牌，快速翻转杯子。用手指可能比用手掌更容易些。

第4步： 如果没有漏水，放开托住纸牌的手。纸牌仍会留在杯口，托住杯内的水。（图3、4）

第5步： 如果有漏水现象，再试一次！记得换一张新的纸牌。

图3：将杯子翻转过来，放开托住纸牌的手。

奇思妙想

1. 往杯子里多加一点水，最多能加到多少？

2. 在杯子边缘抹点洗洁剂，还能得到同样的实验结果吗？

3. 在纸牌上戳一些小针孔，重复实验。水会从针孔处漏出来吗？为什么？

科学揭秘

如果空气分子是一片海洋，我们就生活在这片海洋的底部。虽然我们可能不会注意到，但是这些分子对我们的身体和周围的一切物体都施加了强大的力，这种力就叫做大气压力，这种压力从各个方向作用在我们身上。

当你翻转杯口盖着纸牌的水杯时，重力让杯中的水分子朝下，但是将水分子向下拉的重力比将杯口的纸牌向上托的大气压力要小，所以杯子里的水不会漏出来。

水的表面张力也对这个实验产生了作用，因为水分子喜欢聚集在一起，在水的表面形成一层可收缩的表面薄层。一些水分子因为黏附力而依附在纸牌上，这让纸牌可以附在杯口不掉下来。

如果你的朋友问起这个实验的秘密，就告诉他们是大气压力提供了足够的推力托住了杯口的纸牌，而水的表面张力和黏附力阻止了水的漏出。

紫外线侦探

实验材料

→ 2 个干净的玻璃杯（或茶杯、罐子）

→ 奎宁水（也称汤力水）

→ 自来水

→ 深色的纸（或布）

安全提示

— 最好在明媚的阳光下进行这个实验。

让阳光中的紫外线把水变得闪闪发光吧！

图4：你会注意到阳光下的奎宁水会有点发光，呈现出蓝色的色调。

实验步骤

第1步： 在一个玻璃杯中加入奎宁水。（图1）

第2步： 在另一个玻璃杯中加入自来水。（图2）

第3步： 将两个杯子并排放在室内或阴凉处，将深色纸放在两个杯子后方，比较杯中水的颜色。

第4步： 将两个杯子并排放在阳光下，再将深色纸放在两个杯子后方比较杯中水的颜色。你会发现奎宁水在微微发光，并带有一种蓝色的色调。（图3、4）

图1：将奎宁水倒入干净的杯子中。

图2：将自来水倒入第二个杯子。

图3：将两杯水置于阳光下照射。

第5步： 在阳光下一旁稍微阴凉处再次重复这个实验。

第6步： 在实验日志上记录观察结果。

奇思妙想

你还可以用什么其他东西来检测紫外线？试试实验25"太阳印花"。

科学揭秘

我们的肉眼能够看到可见光波。但一些光线比如红外线的波长太长，我们的肉眼看不到，而另一些紫外线光谱中的光波则是波长太短，我们肉眼也看不到。太阳光中的紫外线是会晒伤皮肤的光线，虽然我们看不到，但是它含有大量的能量。

奎宁水中含有一种叫奎宁的化学物质，它可以用于治疗疟疾。奎宁可以吸收太阳光中的紫外线并且以可见光的形式重新释放这些能量。这种现象叫做荧光，它在很多科学实验中也是非常有用的工具。自来水中不含有任何特殊的荧光分子，所以太阳光中的紫外线不会让自来水闪闪发光。

在花园里玩水

——水管里的物理学

现代科学告诉我们，压力是对某个区域施加的一定作用力。

如果你穿着靴子，走在雪地上，由于你的重量挤压着脚下的雪，人就会往下沉。如果穿着雪鞋，就可以把人体的重量分散在更大的区域上，减少施加在雪地表面的力，你就可以像一只雪兔，轻松地走在雪地上。

生活在大气之下，气压对我们和周围万物都在持续施加作用力。如果潜入水中，水压增加了施加在你身上的重量。

在这个单元里，你将做一个有趣的水压实验：抬高一个注满水的管子，下端连着可以载人的水瓶和垫子。

还可以把一个容器注满水，通过铝箔纸折的小船来探索浮力或在水池里制造一些水波，甚至亲自做一个虹吸装置。

水管过山车

实验材料

→ 水球（充满水的气球）
→ 2 个大号塑料容器
→ 1 根干净可弯曲的塑料管子（直径为 1.5 ~ 2 厘米，长 1.8 ~ 2.4 米）
→ 水

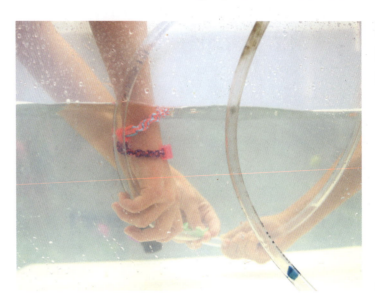

不需要借助水泵，试试把水从一个容器转移到另一个容器里吧！

图4：把气球碎片放入位于高处的管子的入口。

安全提示

— 不要让孩子独自待在水边。
— 水管的上端一直浸没在水里，否则虹吸将不起作用。
— 本实验适合两人或两人以上操作。
— 气球碎片会对年幼的孩子造成窒息的危险。

实验步骤

第 1 步：孩子们可以先打个水球大战，收集破裂气球的碎片。（图1、2）

第 2 步：把一个大的空容器放在高处或椅子上，用一根水管把水注入其中；把另一个空容器放在旁边的地上。（图3）

第 3 步：把塑料管子完全浸没在高处的容器中，排空管子中的空气。如果管子里还有气泡，在水里移动水管直到气泡消失。可以挤压管子中的水，排出管子里的气泡。

第 4 步：一人握住高处容器里的管子的一端，水管头保持在水里。另一人用大拇指封住管子的另一端，然后放到地上的容器里，确保封住的一端比浸没在水中的一端位置低。

第 5 步：继续握住位于高处的管子，放在水中。将封住位于低处的水管的大拇指移开，使水流出。

第 6 步：水将从高处的容器，通过虹吸作用，流到下面的容器里。

第 7 步：把位于低处的管子卷起，卷成过山车轨道状。

图1：玩打水球的游戏。

图2：搜集气球的碎片。

图3：把其中一个大号容器注满水。

图5：观察气球碎片是如何通过卷曲的虹吸装置的。

第8步：把气球的碎片放入位于高处的管子的入口，观察碎片是如何流过卷曲的管子的。（图4、5）

第9步：结束后，把位于高处的管子拿出水面，停止虹吸。

奇思妙想

1. 把高处的容器放在有不同梯级的扶梯上，拉伸管子，观察容器所处的高度是否会影响气球碎片从一端流到另一端的速度。用计时器进行确认。

2. 如果用一个更长的管子，让下面的一端更长，水流速度将会发生什么变化？

科学揭秘

虹吸作用被应用在很多场合，包括抽干游泳池、灌溉庄稼。因为不需要借助水泵，就可以把一处的水引入另一处。

在虹吸装置中，较短的上端将水往上引出，经过装置，再流到较长的下端。当你释放管子的下端时，在压力和重力的作用下，水便流到低处的容器。

作用力持续地将水往上挤压到最高处，再通过装置，流到下端。一旦高处的管子进入空气，虹吸作用便停止了。

浮起来的锡纸船

实验材料

→ 大型且注满水的容器（如儿童水池）

→ 3张锡箔纸（30.5厘米 × 30.5厘米，可以根据需要增加数量）

→ 硬币

安全提示

— 不要把孩子单独留在水边。

— 硬币会给孩子带来窒息的危险。

用锡箔纸折成完美小船，看看形状是如何影响浮力的吧！

图4：设计更多的小船，在水里做实验。

实验步骤

第1步：将容器注满水。把一张锡箔纸放入水中，纸的边缘先入水，观察结果。

第2步：将一张锡箔纸揉成一团，放入水中，观察是否浮在水面或沉入水中。（图1）

第3步：将一张锡箔纸折成一艘船，观察是否能漂浮在水面。（图2）

图1：揉皱一张锡箔后观察它在水中是漂浮还是沉没。

图2：将一张锡箔折成船形。

第 4 步：把硬币放在船中，观察在小船沉没之前，最多能放几枚硬币。（图3）

第 5 步：用另一张锡箔纸折成不同形状的小船，观察在小船沉没之前，是不是能多放几枚硬币。（图4）

图3：在锡箔船中放硬币。

奇思妙想

1. 利用别的材料进行浮力测试，如木块、塑料、石块和金属。

2. 在一个大游泳池里，想想何种姿势可以使你下沉或浮在水面。

3. 将一个充满水的气球和一个同样大小的气球放入水池，比较观察结果。如果水球内注入一半的水，气球内吹入一半的空气，又会怎样呢？

科学揭秘

浮力使物体漂浮。要使原本会下沉的物体漂浮，就要改变物体的形状，以此改变它排开水的重力。这样，浮力就等于被物体所排开的液体的重力。

增加物体在水中所占据的空间，即体积，或减小它的密度（重量除以体积），都可以使物体所受浮力增加。当小船的形状所能排开的水的重力和浮力相等时，小船就可以浮在水面了。例如，45.3 千克重的铁块无法排开足够体积的水，就会沉下去。但是由同样 45.3 千克重的铁制造的轮船，会排开足够体积的水，从而浮在水面。

如果把一张平铺的锡箔纸放入水中，边缘先入水的话，锡箔纸会下沉。但是如果把它折叠成一艘船，就会排开更多的水，漂浮在水面。增加小船上的硬币，同时也增加了小船的重量，于是小船会沉没。

那如果把锡箔纸揉成一团呢？把锡箔纸揉成一团，里面会有空气，增加了浮力。救生衣就是利用了同样的原理，里面充满了许多空气，使人漂浮在水面上。

波浪啊波浪

实验材料

→ 大号容器（如儿童泳池）

→ 水

→ 石块

→ 2 个扁平、结实的物体（如塑料材质的盖子或砧板）

→ 1 根软的长绳

安全提示

— 不要把孩子独自留在水边。

利用水和绳子，观察能量是如何通过物质进行传递的吧！

图1：把一块石头扔进水里，观察所形成的波浪。

实验步骤

第 1 步：把水池注满水。

第 2 步：把一块石块慢慢扔进水中央，观察所形成的水波形状。然后在水池相对的两端同时扔进两块石头，观察水面。（图 1）

第 3 步：把一块扁平的物体放在水里，往前推，制造出波浪。改变物体的深度和角度，观察它们是如何改变产生的波浪的形状的。

第 4 步：两个人在水池的两边，同时制造波浪，观察波浪在中间相遇的结果。（图 2）

图2：观察两个波浪相遇时的状况。

图3：用绳子制造波浪。

第 5 步：两个人将一根绳子拉直，平放在地上。

第 6 步：一人拉住绳子的一端，上下快速甩绳，成波浪形。尝试甩出不同的波浪，或快或慢，或大或小。（图3、4）

第 7 步：两个人拉住绳子的两端，同时甩出相似的波浪，观察波浪相遇时的结果。

第 8 步：玩跳绳，当然这只是为了增加乐趣。

图4：用绳子制造更多不同的波浪。

奇思妙想

1. 两个人握住绳子的两端，提至腰的高度，用力上下甩动绳子，制造出持续的波浪。观察甩绳的方式和速度是如何改变波浪的形状的。

2. 用一把梳子和一张折叠的薄纸，制作一个卡祖笛，听听通过声波的震动而发出的声音。

科学揭秘

我们可以在大自然中的很多场合观察到波浪。物质能量受到干扰，经由中介（如水、绳子、空气或地面）传播，形成波浪。震动往往形成波浪，声波就是由于空气的震动而产生的。

上下快速抖动绳子，能量以波浪的形式，由一端传递到另一端，之后绳子又回复到它在地面的原点。把一块石头扔进水里，石头撞击水而产生的能量形成波浪，但是水不会朝着波浪的方向前进。

波峰是波浪的最高点，波谷是最低点。两个波峰之间的水平距离就是波长。在这个实验里，你可以观察到当两个波浪相遇时形成的干扰。

水 是 大 力 士

实验材料

→ 管道胶带
→ 2 根橡胶软管
→ 热水袋（或气垫）
→ 人字梯
→ 漏斗（漏斗嘴和软管直径相配）
→ 结实的平面物体（如厚砧板）

安全提示

— 站在梯子上时，旁边必须有人。小孩子必须有成年人在一旁监护。
— 本实验中需要用到许多胶带，以防止软管、气垫或热水袋漏水。
— 排空气垫里的空气，否则水会倒灌到管子里。

通过这个实验，感受水压的力量吧！

图1：打开水龙头，开始实验。

实验步骤

第1步：软管的一头接着热水袋口或气垫的入口，用胶带封住接口处，确保不会漏水。

第2步：把另一根软管的一头接到水龙头上，另一头置于梯子顶部，用胶带固定。

第3步：把接有气垫的软管的另一头置于梯子顶部，接入一个漏斗，调整位置，确保从上面的软管流出的水可以流到漏斗里，用胶带固定位置。

第4步：用胶带封住漏水处，调整各个物体。打开水龙头，实验开始。持续一段时间，让水注满热水袋或气垫。（图1）

图2：当热水袋充满水后，上面放一块砧板，站在砧板上。

图3：要多花点时间等水注满气垫。

第5步：如果用的是热水袋，上面放一块砧板，热水袋注满水后，站在砧板上。当漏斗里的水向外溢时，关闭水龙头。（图2）

第6步：如果用的是气垫，需要耐心等待，因为要更长的时间才能把水注满气垫。你可以躺在气垫上，慢慢等待注满水的垫子把你抬高。（图3）

第7步：看看有多少人能站在注满水的垫子上。

奇思妙想

测量从地面到漏斗处水柱的高度。计算每平方米的水对下部的容器，能施加多大的水压。

科学揭秘

　　通过架高的软管，给气垫或其他密封容器注水。当容器里的水满了，软管里的水位也会上升。软管里的水产生的压力，被传递到下面的容器里。帕斯卡定律认为，这种液体的压力将大小不变地向各个方向传递。因此当软管里的水位上升时，下方连接的容器里的压力也增加了。

　　压强是每平方米面积所受到的压力，如果容器里有1立方米的水，假设底面为1平方米，它对容器的底部也就施加了9800牛顿的压力。

　　软管里水位的高度决定了对气垫或热水袋产生的压力，即它能承受的重量。如果水管内水位高度为1.8米，每平方米会产生17640牛顿的压力。气垫或热水袋大约承受1800千克的重量，可以支撑不少小孩子呢！

滑下去，荡起来

——游乐场上的物理学

在游乐场上，你可以利用器械做物理实验。你可以在秋千上摇荡，从滑梯上往下滑，在跷跷板上一上一下晃动。

第一个现代游乐场在英格兰建造完成之前，孩子们只能在大街上奔跑，在他们能找到的任何物体上滑来滑去、摇来摇去。在那时，现代游乐场的设施极其不完善。1923 年，一个名叫查尔斯·威克斯蒂德（Charles Wicksteed）的英国人建造了第一个真

正意义上的秋千，由钢管连接，用铁链吊起。据说，这些秋千吊得很高，下面也没有保护设施，但人们仍然很喜欢。为了更好地给孩子提供娱乐活动项目，威克斯蒂德继续发明了更多的秋千和滑梯，甚至建立了一个专门生产游乐设施的工厂，这个工厂至今仍在。

如果有人让你设计一个新的游乐设施，你会发明什么呢？下次你在游乐场荡秋千、滑滑梯和玩旋转项目的时候，不妨思考下这个问题。

斜坡竞赛

实验材料

→ 两个同样大小、重量的罐子，一个 装液体（如番茄酱），一个装豆子
→ 游乐场上的滑梯（或家里某处的 坡度）
→ 尺子
→ 带拍照和计时功能的手机（可选）
→ 不同直径、长度和重量的食品罐头
→ 玩具车

安全提示

— 避免孩子被从滑梯上滚下的罐头 砸到。

看看哪个物体在滑梯上滚得更快，更早到达终点吧！

图1：让装满液体和豆子的罐子同时往下滚，比比哪个更快到达终点。

实验步骤

第1步：把分别装满液体和豆子的两个罐子并排放在滑梯的顶端。可以用一把尺子作为起跑线，使 罐子从同一个高度滚下。

图2：让装满东西的罐子和空罐子同时往下滚，比比哪个更快到达终点。

图3：让大罐子和小罐子同时往下滚，比比哪个更快到达终点。

第2步： 猜猜哪个罐子会滚得更快，将此猜测作为假设。

第3步： 同时放开两个罐子，记下哪个罐子先达到滑梯底部的终点线。可以使用手机上的拍照和计时功能，精确计时。（图1）

第4步： 用不同大小、重量的罐子重复实验。（图2、3）

第5步： 用玩具车做实验，猜测玩具车和罐子比，哪个会更快到达终点。两样东西有什么不同。（图4）

图4：让玩具车从滑梯上往下滑。

奇思妙想

1. 尝试用两个重量、所装东西一样，直径不同的罐子做实验。

2. 把尺子放在滑梯的底部作为终点，分别拍摄罐子滚下到达终点的实验过程。

3. 用视频编辑软件观看慢镜头，确定罐头从起点滚下到达终点的用时，以相同的滚下距离除以用时，计算出罐子滚下的精确速度。

科学揭秘

重力使人从滑梯上滑下，所有物体，不管大小、体积如何，在光滑的坡度上会以相同的速度滑下。但是滚下来就不一样了。

在滑梯的顶部，装满液体和豆子的罐子的重量相似，所以势能也相同。这种势能在滚动中转化成动能（物体由于做机械运动而具有的能）。哪个罐子能最大化地把势能转化成平动动能（物体以直线运动而具有的能），就会滚得更快。

装满豆子的罐子，由于所有的豆子挤压在一起，当罐子往下滚的时候，整个罐子和豆子都会滚动。势能的大部分转化成了滚动所需的能量。

装满液体的罐子，当罐子向下滚动时，里面的液体却不会滚动，所以罐子里面的液体以直接向下而没有滚动的方式下滑。它在滑梯顶部具有的势能被直接转化成了平动动能。

也就是说，如果同时滚下，装满液体的罐子会比装满豆子的罐子更快到达终点。

摇摆的秋千

实验材料

→ 游乐场上的秋千

安全提示

— 本实验需要两人参与。

— 坐在秋千的人一开始不要晃腿，否则会荡不起来。

— 如果要计算秋千摇摆的周期时长，可以累计10次的时间，再除以10，得到平均一次的时间。

玩秋千的时候，也能学点物理知识呢！

图4：你们能让几个秋千"齐头并进"吗？

实验步骤

第 1 步：一人坐在秋千上，双腿置于体前。

第 2 步：另一人从后面抓住秋千，把秋千向后、向上拉，尽可能拉得远一些。（图1）

第 3 步：后面的人松手，让秋千自己前后荡起来，推秋千的人保持站在放开秋千的地方。

图1：将秋千往后拉。

图2：保持站在松手的原地，当秋千荡回来时，不会碰到后面的人。

第4步：荡起的秋千会向后摆动，但是不会碰到后面的人。（图2）

第5步：让链条长度相同的秋千同时开始摇摆以及同时通过停止晃动双腿来停止。试试让链条长度不同的秋千同时摇摆，观察结果。（图3、4）

图3：尝试让不同链条长度的秋千同时摇摆。

科学揭秘

摆锤指的是由摆线悬挂的物体在重力的作用下，前后有规律地摆动。摆锤的摆线越短，摆动得越快。游乐场上的秋千就是摆锤装置。从放开秋千到它回到原点，为一个周期。

走路的时候，你的腿前后摆动，又受到重力的作用，类似于一个摆锤装置。腿长的人，相比腿短的人，走得慢些。在这个实验里，你会观察到，链条长的秋千荡起来会比链条短的秋千慢。

摆锤在没有增加外力的情况下，在回摆的时候不会超过当时释放的那个高度。所以当你把秋千往后拉，然后放手后，如果不再额外推或施加外力，秋千往后摆动时，是不会碰到你的。

奇思妙想

计算不同重量的人坐在同样的秋千上和同样的人坐在链条长度不同的秋千上的摇摆周期时长，比较不同。另外，摇摆周期时长和荡起的高度有关系吗？

野餐垫和球的约会

实验材料

→ 大张床单（或野餐垫）

→ 大球（如篮球或足球）

→ 小球（如网球）

安全提示

— 本实验适合四人或四人以上参与，效果更好。

一起来玩抛接球吧！

图3：是什么力量又让球落回来了呢？

实验步骤

第1步：抓住床单或垫子，尽可能拉平，与地面保持平行。

第2步：把大球放在垫子当中，垫子会怎么样呢？（图1）

第3步：大球仍然放在垫子上，再把小球放到垫子上，观察结果。

图1：拉平一张垫子，把一个球放在垫子当中。

图2：把球抛向空中。

阿尔伯特·爱因斯坦（Albert Einstein），著名的科学家，用不同的角度思考着空间和时间。他认为这两者相互依存，就像实验中所用的垫子的织物结构。

他提出理论认为，大型实体，如星球，在空间和时间等有弹性的结构里所产生的弯曲，就像大球放在垫子上时，垫子会下沉一样，这个理论就是广义相对论。

太阳系以太阳为中心，以太阳的引力约束着其他天体。地球和其他星球沿着轨道，在太阳系的空间中，围绕着太阳转动。在这个实验中你可以观察到，当把小球放在垫子上时，它会滚到大球下沉的地方。

把球抛向空中，球又会在相同力量的作用下落下。就像月球被地球所吸引，行星被太阳所吸引一样。我们把这种吸引力称之为重力。

奇思妙想

如果一个人站在蹦床的当中，再尝试同样的实验，球会滚到人所站的地方吗？

第 4 步：把球抛到空中，尽可能地抛高，再用垫子接住。想想，是什么让球又回到原处呢？（图 2、3）

辛勤种植

——花园里的农业科学

大麦、水稻、小麦、豌豆、南瓜都属于人类早在远古时期就在田地和花园里培育出的第一批农作物。

几千年以来，人们一直将那些生长快速、抗虫害并能够产出美味食物的种子视为珍宝。远在人们尚未开始在实验室里摆弄植物的 DNA 之前，农民和园丁就已经在选择性地培育新型杂交植物、进行异花传粉、嫁接自己所喜欢的植物品种从而提高它们的产量。

今天，现代农业正在经历着一系列尖锐的考验。即便我们现在已经具备了丰富的科学知识，但是由于世界人口的快速增长，食物的安全性、农作物的多样性和脆弱的生态系统都处于危机四伏的状态。考虑到如果有一日农业"天启"会降临世界（农业面临世界末日），前卫的思想家们已经在北极等地方建立好了种子库，贮藏了几千种植物的冷冻种子。

只要有水、阳光、适宜的温度以及营养丰富的土壤，就可以用种子种出自己的食物。在这一单元里，你将会看到种子的萌芽速度有多快，观察种子是如何迎着光有策略地萌芽，并学会利用厨房中的废弃物堆积制作肥料。

实验材料

→ 一个大型的长方形种植箱（或几个小花盆、杯子）

→ 盆栽土

→ 一些冰棒棍（或木质园艺记号牌）

→ 两种或更多的以下物质：柠檬、橘子、黑胡桃、松针、薄荷、桉树叶、菊花叶、番茄叶

→ 研钵及研杵（或食品搅拌器，或其他可以用于磨碎坚果的工具）

→ 削皮刀（或擦菜板）

→ 奇亚籽（芡欧鼠尾草籽）或莱菔子（小萝卜籽）

安全提示

— 黑胡桃是木本坚果，注意过敏问题。

实验 **36** 植物战争

在等待种子发芽的过程中，观察某些植物是如何利用化学战争来守卫自己地盘的！

图3：将各种测试物质混合进土壤中。

实验步骤

第1步：将盆栽土填入种植器皿中。

第2步：用冰棒棍将大型种植器皿划分为若干小区域，每一片区域放置一种想要测试的物质，同时留出一片不放任何物质的区域作为对照区。用冰棒棍（或园艺记号牌）为各区域做上记号。

图1：研磨黑胡桃或磨碎树叶。

图2：擦碎柑橘类水果的皮。

如果使用的是小花盆，则将不同的测试物质放入不同的花盆中，同样需要留出一个花盆作为对照区。

第3步：磨碎坚果，擦碎柑橘类水果的皮，切碎或压碎叶子，通过这样的方法将想要测试的物质制作成可以混合的状态。在制作不同材料时注意清洗工具，避免不同的物质交叉污染。（图1、2）

第4步：将各种物质分别放入已经标识好的对应区域或花盆中，混合进距离表层7～10厘米的土壤中，对照区内不要放任何物质。（图3）

第5步：将奇亚籽或莱菔子种入每一个区域。在各区域挖出铅笔大小的洞，种入同等数量的种子，或在每个花盆或区域里撒入几勺（13～17克）种子，将它们平均地混入土壤中。

第6步：轻柔地给种好的种子浇水。

第7步：每天查看种子。记录每个区域里种子发芽的时间，记录埋入的哪些物质看似对种子的生长起到了化感作用，即对种子发芽或生长产生了阻碍作用。（图4）

图4：观察哪些物质影响了种子生长。

奇思妙想

收集一些入侵性强的植物，如鼠李、药用蒜芥、斑点矢车菊和莎草、香附子等，测试它们的叶子、种子和果实所能产生的化感作用效果。

科学揭秘

植物需要自己的空间，有些植物甚至能够制造出生化物质强迫其他植物后退，这种过程被称为化感作用，字面意思即为相互损害。植物所释放的这些化学物质中有些能够毒害自己的竞争对手，有些则是干扰其他植物和有机体之间的合作关系。无论如何，阻止附近新种子的发芽能够令植物自身拥有更多的生长空间。

入侵植物尤其擅于制造具有化感作用的物质，这便可以解释为什么当它们被引入一个新环境后会非常快速地大面积蔓延。

由于许多植物会从根部散发这些毒素进入土壤，同时涉及到复杂的生态系统，因此很难设计出一个有意义的实验来探究这个现象。但是，通过本实验的这套方案来测试某些物质对种子萌芽所带来的化感作用还是很有趣的。

肥料工厂

实验材料

→ 可生物降解的厨房废弃物（如咖啡渣、水果蔬菜废料、蛋壳等）

→ 两个容器（如桶或杯子）

→ 两片小塑料片（如牛奶容器盖子）

→ 铁铲

→ 土壤温度计（或肉类温度计）

安全提示

— 永远记住在挖土前致电当地电力公司，避免挖到地下电缆。

— 本实验最适宜在室外温暖的月份里进行。

在泥土中挖一个洞来更好地了解养分的循环过程，并且为自己的花园制作肥料吧！

图3：将堆肥材料倒进洞里。

实验步骤

第 1 步：从厨房留出一些可以用于制作堆肥的废料。将垃圾平均装进两个容器里，分别插入一片塑料片，用以观察塑料在肥堆和垃圾场中的变化。（图1）

第 2 步：在地上挖两个洞，每个洞约 30.5 厘米深。（图2）

图1：从厨房留出一些可以用于制作堆肥的废料。

图2：在地上挖两个洞。

第 3 步：分别在两个洞中各倒入一盒制作堆肥的废料，用土覆盖。（图3）

第 4 步：在一个肥堆上标记"无水"，在另一个肥堆上标记"有水"。

第 5 步：每隔一天为标记为"有水"的肥堆浇水。

第 6 步：为肥堆浇水时，用土壤温度计或其他温度计检测两处肥堆的温度，记录下来，同周围土壤的温度作比较。（图4）

第 7 步：几周后，挖开肥堆，观察堆肥中材料的败坏情况。将它们撒开在防水布或塑料袋上以便近距离观察。

第 8 步：将材料填回土壤中，待它们完全腐烂后，当作肥料用于花园中。回收堆肥中插着的塑料片。

图4：查看堆肥的温度。

奇思妙想

1. 将堆肥材料包装好减少氧气接触，或在堆肥材料中添加草叶树叶，检测这些方式会对堆肥有什么影响。

2. 记录下在肥堆中和肥堆周围发现的虫子数量。

科学揭秘

在所有生态系统中，养分都是一代一代传下去的。初级生产者，如植物等，从土壤和空气中吸收养分，之后植物被动物吃掉，动物又被其他动物吃掉。最终，植物和动物死亡并腐烂，养分便被释放出来，再次被初级生产者吸收，重新开始下一轮循环。

腐生生物，如细菌和真菌等，会吃掉死去的东西，将它们分解并因此获得能量。在潮湿、健康的肥料堆里，腐生生物能够快速生长并制造出足够的热量来杀死害虫甚至一些有害细菌。腐生生物在有水分的环境下可以愉快地生长，有一些腐生生物需要氧气来更有效地分解食物，这就是为什么我们要不时地用铲子翻动一下肥堆的原因。

你可以自己建立或购买一个大型的堆肥系统，用于分解掉家里所有可以用于制作堆肥的废料，为自己的花园提供富含营养的肥料。

长高大赛

实验材料

→ 1个大型的种植箱（或几个小花盆、杯子）

→ 盆栽土

→ 冰棍棒（或木质园艺记号牌）

→ 各类种子，如干豆子

安全提示

— 注意干豆子有导致孩子噎住窒息的危险。

制造一场植物界的奥林匹克竞赛，观察不同植物的生长速度吧！

图4：看看哪几种植物长得最快。

实验步骤

第1步：在容器内装入盆栽土。

第2步：用小棒将较大的容器分成若干区域，在每个区域内种植一种植物。

第3步：根据所种的植物为每块种植区域插上标签。（图1）

图1：分隔并标记种植器皿。

图2：按照标签在不同区域内种植种子或豆子。

第 4 步：根据包装上的指示，在每块区域内
种上种子。（图 2）

第 5 步：为种子浇水。（图 3）

第 6 步：猜测或假设哪一种植物可能生长得
最快及其原因，将这些想法记录在
实验日志上。

第 7 步：观察植物数周，一旦种子发芽，在
实验日志上记录下种子每天生长的
高度以及长叶的时间。（图 4）

第 8 步：将实验结果与之前的预测进行比对，
看它们是否一致。

图3：给种子浇水。

奇思妙想

1. 将实验结果制作成图表，展示不同种
类种子的生长速度曲线。它们是一开始就生
长得很快然后速度减慢了吗？还是一直保持
着匀速生长？

2. 举办一场同类种子间的长高大赛。为
它们浇不同的液体进行对比，控制组则使用
自来水浇灌。

3. 观察植物的密度对生长速度有什么影
响。将一组种子紧密种植在一起，另一组种
子相互间隔一定距离种植。

科学揭秘

成长速度非常快的植物相较于它
们的邻居而言是具有优势的，因为它
们在养分、空间和光照等方面都占据
了先机。例如，一些竹子一天就可以
长 15 ～ 20 厘米，因为它们要向上生
长争夺阳光。观察不同植物的生长过
程是很有趣的，到底它们是一开始就
生长得很快然后速度减缓还是一直快
速生长的呢？

为了生长，种子要吸收水分，从
而释放出制造能量所需的养分和酶。
种子发芽时，种皮中冒出来的第一样
东西就是小小的胚根。紧接着长出来
的是胚芽，它会朝着光生长。一旦接
触到光，植物就会变成绿色并长出
叶子。

如果将这个实验放在黑暗的环境
中进行，结果会有什么不同呢？试试
看吧！

花园访客登记本

实验材料

→ 实验日志
→ 花园
→ 放大镜
→ 照相机（可选）
→ 手电筒

安全提示

— 在白天和夜晚各个不同的时间段去探访花园。

花园里会出现很多访客，你有留意过吗？

图1：开始使用花园访客登记本。

实验步骤

第1步：在你的实验日志上开始一个新章节，为你的花园访客们做一本访客登记本。（图1）

第2步：观察花园和菜园，寻找一下有哪些生物来拜访了。看看叶子下有什么，看看土里爬的是什么，看看有谁坐在植株上，又有谁飞行在空中。用放大镜近距离地看看吧！（图2、3）

第3步：用花园访客登记本将那些观察到的生物记录下来、画下来，还可以贴上它们的照片。同时记录下来看到这些访客的日期和时间、在哪棵植物上或附近看到的，以及当时它们看起来像在做什么。（图4）

图2：寻找蜘蛛。

图3：观察蟾蜍。

图4：画出并描述你所发现的花园访客们。

第 4 步：尝试认出那些你所观察到鸟类、昆虫等动物。

第 5 步：隔几天后，在不同的时间再次探访之前去过的那一个或几个花园，看看会发现什么。在夜间，带上手电筒到花园，去寻找夜间的访客们。

奇思妙想

在访客里，你发现食肉动物了吗，比如蜘蛛？制作一张包括花园中植物在内的花园访客食物链图表吧，想想你自己在图表中处于什么位置呢？

科学揭秘

现在的园丁们有时会使用除草剂和杀虫剂来除去杂草和虫子，可是其中一些化学物质对环境和其他动物是有害的。不喷洒除草剂和杀虫剂，徒手拔去园中杂草，观察有哪些生物来拜访了花园这个多样性的生态系统，这样做的话你会觉得更有趣味。在这一小块健健康康、物种丰富的土地上，诸如蚜虫之类的害虫都会受制于它们的天敌，比如瓢虫和小黄蜂。

做一份花园访客登记本，它会带你发现另一个世界，并帮助你了解各种生物是怎样构筑出一幅大拼图的。无论是土里的蚯蚓，还是昆虫或鸟类，每一样生物都占据着自己的一隅，在花园这个小小的生态系统中和地球这个大型的生态系统中扮演着自己的角色。

小小生态学家

——大自然里的生态学

"生态系统"这个词描述的是生命有机体和周围自然环境以及生活在这一区域的其他所有有机体之间冷酷而又错综复杂的相互关系。

有一些生态系统很小，比如一截正在腐烂的树干，而这些小型生态系统又是较大型生态系统中的一部分，比如一个岛屿、一片雨林，甚至整个星球。

一切生物都只有在健康的生态系统中才能够生存。在我们地球上，资源是有限的，在某一个生态系统中发生的事情常常会影响到其他的生态系统，甚至有时会对远在地球另一端的生态系统产生影响。

现在，由于人类活动等原因，生物物种正在以极快的速度消失。地球上的大型生态系统是我们赖以生存的根本，研究地球、环境和生物的科学家们正在努力探索应该如何保护这些生态系统中脆弱的平衡。

这个单元的实验将引导你更好地了解我们周围的生态系统，你将震惊于自家后院里的生物多样性。

实验材料

→ 园艺铲
→ 收纳容器（如杯子、桶、罐子等）
→ 比容器略大的塑料盖子（可选）
→ 用于撑起盖子的石块（可选）
→ 白布
→ 放大镜

安全提示

— 不要在别人会踩到的地方设置陷阱。
— 在阴暗的地方可能会抓到更多的昆虫。
— 不要徒手抓昆虫，除非你确定它们不会咬人或蜇人。

设置隐蔽的陷阱来抓捕爬行动物吧！

图3：查看有什么动物掉进了陷阱。

实验步骤

第 1 步： 选择一个地点设置诱捕陷阱。花园里或大树、植株的旁边都是采集并研究节肢动物的好地方。

第 2 步： 用园艺铲挖一个洞，略深于收纳容器。（图 1）

图1：挖一个洞放置容器。

图2：用撑起来的盖子覆盖陷阱。

第 3 步： 将收纳容器放入洞中，并用土填满容器周围，让容器的顶端与周围的地面齐平。

第 4 步： 可以根据自己的想法，用树叶将容器边缘伪装起来。

第 5 步： 设置保护型的陷阱时，需要将小石块放置在容器边缘，再将盖子放置在石块上，这样陷阱就有了一个升高型的房顶。这是为了保护落入陷阱中的小动物，防止它们在下雨时因为被困住而淹死。（图2）

第 6 步： 每天检查陷阱，看看有什么掉了进去。将捕捉到的小动物轻轻倒在白布或白毛巾上。（图3）

第 7 步： 用放大镜观察每一只节肢动物，记录下它大概的尺寸，画在实验日志上。回到捕捉到它们的地方，将它们放生。（图4）

第 8 步： 尝试识别出用诱捕陷阱捕捉到的节肢动物。

图4：观察用陷阱捕捉到的生物。

奇思妙想

分别在树林、高茎草丛、野草地、野花丛以及修剪整齐的草地上设置诱捕陷阱，对比在这些地方抓到的节肢动物有什么不同。

科学揭秘

昆虫、蜘蛛以及其他的节肢动物在地球的生态系统中扮演着极其重要的角色。它们之中有些是对人类有帮助的，比如传播花粉的蜜蜂，而另一些是对人类有害的，比如带有莱姆病毒的蜱虫。我们需要了解昆虫族群衰败和兴旺的原因，从而帮助那些对人类有益的节肢动物，控制那些对人类有害的节肢动物。由于其他一些较大型动物以捕食节肢动物为生，因此一个地区昆虫的数量对该地区的鸟类和蝙蝠数量有着显著的影响。

生态学家也会用诱捕陷阱来研究陆生节肢动物的数量。随着全球气候变暖，许多节肢动物都在向北迁移，于是人们不断见到以前从来没有见过的动物种类。在这个实验中，你可以观察到自家后院中的部分昆虫。如果你对这个实验很感兴趣，可以去参与当地的市民科学研究项目组，帮助科学家们一起观察研究你所在地区的昆虫数量。

水藻水族馆

实验材料

→ 透明罐子（或碗）

→ 瓶装矿泉水（或放置一夜的不含氯的自来水）

→ 用于取样的小杯子

→ 为每份样本准备 $\frac{1}{8}$ 勺糖

→ 显微镜（可选）

安全提示

— 永远不要让年幼的孩子在无成年人看管的情况下靠近水边。

做一些测试来了解藻类在哪些地方会蓬勃生长吧！

图3：采集更多的水源样本。

实验步骤

第1步： 在几个罐子（或碗）中分别倒入半罐（或半碗）不含氯的水。（图1）

第2步： 想一想，水藻有可能生长在哪些地方，比如湖泊、小溪、水坑和池塘等。也可以测试其他

图1：将水倒入罐中。

图2：采集水源样本。

一些自然物品，比如植物。在每一个罐子和碗上标记样本的名称。

第3步： 从选好的地方采集水源样本或其他自然物品样本，将它们添加进之前装好水的罐子中。在每个罐子中加入糖，促进水藻的生长。（图2、3）

第4步： 打开罐子的盖子，将它们放置在空旷的地方等待几周，检查水藻的生长情况。假如罐中的水变少了的话，需要再倒进一些瓶装水。记录不同来源的水藻的生长情况和颜色。（图4）

第5步： 如果你有显微镜，将水藻放在显微镜下放大观察。

图4：看看水藻会在哪里生长出来。

奇思妙想

　　有许多种类的金属会阻碍水藻和其他微生物的生长。自己设计一个实验，用你培养出来的水藻群去测试不同的金属（如硬币），观察它们是否会影响水藻的生长速度。记住一定要多准备一份控制样本，并将观察到的情况全部记入实验日志中。

科学揭秘

　　水藻有时候似乎是我们的敌人，比如当你打算去游泳时突然发现湖泊一夜之间被水藻占满、变成了绿色。如果你生活在海边，可能会听说过有些海藻大量繁殖会产生"赤潮"，而"赤潮"含有致命毒素。近期，随着大量农业化学物质流入湖泊和溪流，因藻类大量繁殖带来的问题也越来越多。

　　令人欣慰的是，藻类，这种没有枝干、根和叶子的微小植物有可能被用作替代能源。

　　但上述这些只是我们人类眼中的藻类。当我们研究食物链时，会发现在全球生态系统的能量转移中，藻类是非常重要的一环。初级生产者，如植物和藻类，利用太阳的能量将水和二氧化碳转化为碳水化合物和氧气。这些初级生产者被上一级的消费者吃掉，如鱼类，而这些消费者又被更高一级的消费者吃掉，如熊，通过这样的方式，能量从一种有机体转移到另一种有机体中。假如没有这些初级制造者制造食物和氧气的话，我们人类是不可能存在的。

再见旧友

实验材料

→ 卷尺

→ 木棍（或园艺标记牌）

→ 细绳

→ 用于装虫子的容器（如空塑料盒等）

→ 实验日志

→ 白色修正液（或白色指甲油）

安全提示

— 在有毒蛇出没的地区，搬开石块和树段时一定要谨慎。

— 在石块、覆盖物、小树段、铺路石块等东西下面，经常可以发现等足目甲壳动物。

抓捕并标记等足目甲壳动物，如鼠妇等，研究一下它们的种群数量吧！

图3：用白色修正液或指甲油标记等足目甲壳动物。

实验步骤

第1步：寻找一个有等足目甲壳动物（如西瓜虫、潮虫等）活动的区域，看看石块和树段下是否有收获。（图1）

第2步：用卷尺、木棍和细绳丈量并标记出采样的区域，例如标记出一块长宽各2米的区域。

第3步：在该区域内搬开一块石头或木段，捕捉你发现的所有甲壳动物，将它们放置在容器中并清点数目。在实验日志上记录下甲壳动物的总数。（图2）

图1：划定一块区域，在石头和木头下寻找等足目甲壳动物。

图4：几天之后，回到原地看看能找到多少曾被标记过的等足目甲壳动物。

第4步：用白色修正液或白色指甲油轻轻地在每一只虫子身上做标记。（图3）

第5步：将石头或树段放回原位，将虫子放回附近，保留你所作的区域标记。

第6步：几天后，重新在该区域采样，记录下你发现的所有甲壳生物数量以及其中带有白色标记的虫子的数量。（图4）

第7步：用你第二次采样时得到的带有白色标记虫子的数量除以第二次采样时得到的甲壳动物总数。再用第一次所抓到并标记的虫子总数除以上述结果，所得到的就是你采样区域内大致含有的甲壳动物数量。

图2：翻开石头寻找等足目甲壳动物。

奇思妙想

自己设计一个用于研究某一国家公园物种的捕捉—标记—重捕实验，制定出所有细节，包括你想要研究的种群、如何给这些动物作标记、选择合适的重捕间隔时间以及你将如何使用所得到的信息。

科学揭秘

从给熊佩戴颈圈到给蜗牛做标记，科学家们使用捕捉—标记—重捕法来研究各种动物的种群数量。这个方法尤其适用于当我们无法在一个大型区域（如国家公园）内捕捉所有的动物来清点它们数量的时候。

在这个实验中，通过捕捉和重捕一个指定区域的甲壳动物，你可以利用第一次捕捉到的虫子总数除以第二次重捕时得到的标记虫占二次捕捉总数的百分比来估算出该区域的甲壳动物种群总数量。

如果你在自家后院一平方米的区域捕捉并标记到10只等足目甲壳动物，将它们放生一周后，重新捕捉到的10只虫子中有2只是有标记的（20%），就用10除以0.2，得到的数字50就是该区域等足目甲壳动物的大致总数。

实验材料

→ 含有当地野生动物和星空标注的
  地图
→ 防虫剂
→ 舒适的鞋子
→ 温度计（或带有天气预报功能、能
  够提供地区温度信息的手机，可选）

安全提示

— 结队行走，根据天气情况穿着合适
  的衣物。
— 选择在满月之夜或接近满月的夜
  晚行走，以便能够看清夜色中的事
  物。
— 在黄昏时出发。
— 带上手电筒，但不要轻易使用，你
  的眼睛完全可以适应夜间的光线。
— 在你熟悉的地方徒步行走，时刻保
  持走在已有的道路上，或跟随当地
  自然中心的向导行走。

发挥你的夜视能力，开启一场夜间冒险之旅吧！

图4：选择在满月之夜开启一场自然之旅。

实验步骤

第1步：你会在哪里开启这场徒步之旅？草原、海边还是森林？在夏天还是冬天？做好研究，看看
你在夜晚有可能见到哪些动物，听到哪些动物的声音。查看星空地图或手机的星空应用程
序，看看你将有可能在旅程中看到哪些星座。

第2步：喷好防虫剂，穿上舒适的鞋子，等待太阳落山便可以开启这场探险之旅。（图1）

图1：太阳下山时踏上旅程。

图2：你的眼睛会适应黑暗。

第3步：静悄悄地行走，随时停下脚步聆听。你的眼睛需要一个小时的时间来完全适应夜色。夜晚的声音有没有随着夜色变深而发生变化？（图2）

第4步：夏天，聆听蟋蟀的声音，数出14秒内所听到的蟋蟀振翅声总数，在此数量上加上40就可以得到此时的华氏温度！如果要计算摄氏温度，则数出25秒内所听到的振翅声数，除以3后再加4。将你所得到的数字同温度计或手机上显示的温度作比较，你会发现它们几乎是吻合的！（图3）

图3：闭上眼睛聆听。

第5步：闭上眼睛深呼吸，夜晚的空气闻起来和白天有没有什么不同？（图4）

第6步：仰望星空，你能找到北斗七星或银河吗？

第7步：聆听蛙鸣，听听看，有多少种不同的叫声？

奇思妙想

在夜晚漫步时，可以带上一支紫外线手电筒，用它来寻找会发出荧光的菌类和动物，例如某些种类的地衣、蝎子和千足虫。

科学揭秘

夜晚，世界发生了变化。正如我们眼睛里的视网膜细胞会发生夜视化学变化一般，很多东西都随之而变，唱歌的小鸟安静了，隐藏的动物出来活动了，夜间"唱诗班"展开了歌喉。我们平常不会用到但是却非常发达的听觉、嗅觉甚至触觉，都在昏暗的光线中变强了。

除了享有音乐家之名外，蟋蟀们同时还是"冷血温度计"，能够表现周围的温度。它们体内的化学反应速度受到温度的影响，而这种化学反应速度又影响了它们发声的速度。只有公蟋蟀才能发出这样"窸窸窣窣"的声音，这种声音是为了吸引配偶并警告其他公蟋蟀离远一点。它们用一个翅膀上锯齿形状的边缘去摩擦其他翅膀来发出这种声音，当温度低于13℃时，蟋蟀们的"小提琴演奏"就会停止。

地上的网格

实验材料

→ 4 根木棍（或冰棍棒）
→ 卷尺
→ 细绳或纱线（大约 5 米长）
→ 实验日志
→ 植物图鉴（或具有同类功能的手机
应用程序）

通过生态监视活动来观察植物吧！

图4：用细绳标记出一块约1米×1米大小的区域。

安全提示

— 设置样方时避开有毒葛或毒栎的
地方。
— 准备一些备用的木棍，以防折损。

实验步骤

第 1 步：选择一块你想要取样的区域。对于业余生态学爱好者来说，有少量树木的区域是不错的选择。
第 2 步：随机找一处地点，插上一根木棍或冰棒棍。
第 3 步：以这根木棍为起点，丈量出 1 米的距离，在地上插入第二根木棍。（图 1）
第 4 步：用细绳将两根木棍连接起来。
第 5 步：分别以这两根木棍为起点，再丈量出 1 米的距离，插上另外 2 根木棍，构成一个方形区域。
（图 2）
第 6 步：用细绳连接木棍，围成一块 1 米 ×1 米的区域，这块区域就是样方。（图 3、4）
第 7 步：清点该方块区域内所有树木和其他植物的数量，记录在你的实验日志上。

图1：丈量土地。

图2：在正方形区域四角插上木棍。

图3：用细绳将木棍连接起来。

科学揭秘

方块取样法是科学家们用来统计栖居于某一地区的所有动植物的数量以及各物种单独数量的方法。许多科学家使用固定成型的木头或金属格子来进行这种取样，但是移动式的标记地块的方式（就像我们实验中所用到的这类）更适合研究有树的区域。

如何设计一个生态取样实验（如本实验），取决于你的研究目的。例如，如果你想研究赤杉的种群数量，那么你需要做的样方就要比研究苔藓种类分布所需要的样方大许多。

第 8 步： 尝试找出方块区域内的树木和其他植物的名称，数出你所找到的每一种树木或其他植物的数量。

第 9 步： 撤掉木棍和细绳，朝任意一个方向走 2 ~ 2.5 米，然后重复第 2 ~ 8 步。

第 10 步： 在至少取两个样方之后，比较所得到的结果。这些样方中的植物数目和种类是一致的吗？

奇思妙想

1. 用木头或金属制作一个严格的样方。
2. 清点在这块区域中发现的所有植物的种群密度。
3. 大致算出需要制作多少个样方才能够涵盖你所取样的这个完整的生态系统。

神奇大地的馈赠

——地球科学

单元 11

洞穴是水和熔岩共同作用形成的地下通道和巨穴。

在它们相对不受影响的内部，滴水和火山活动使矿物沉积，形成钟乳石、石笋和晶体。

墨西哥的奈卡水晶洞是一座巨型地下水晶洞穴，埋藏于地底深处，靠近岩浆房，洞穴内的一些透明晶体长达 11 米。

真洞穴动物、半洞穴动物和洞栖动物出没于洞穴。像盲鱼这样的真洞穴动物一生都在洞穴中度过，而半洞穴动物可以离开它们的地下居所。洞栖动物，如蝙蝠栖息在洞穴里，但也依赖外部世界。由于大多数洞穴缺乏光照、能源稀缺、资源有限，洞穴生态系统非常不同寻常。

这个单元包含多个实验，演示了如何利用小苏打复制洞穴内晶体的形成过程，以及如何将过冷水冻结成冰的过程。

最冷最冷的水

实验材料

- → 自来水
- → 装满冰的大水桶（或冷藏箱）
- → 岩盐（或海盐、食盐）
- → 若干瓶（235 或 475 毫升）的瓶装纯净水（或蒸馏水）
- → 碗（或碟）

在过度冷却实验中挑战冰冻的极点吧！

图4：慢慢地将过冷水倒在冰上。

安全提示

— 松开瓶盖，然后重新轻轻拧紧，这样，瓶盖就容易掉下来了。

— 可以用冰箱冷却实验用水。

— 瓶中的水一旦冻结，必须先完全解冻，再重新冷冻。

— 这个实验可能要多试几次，不要感到沮丧！

实验步骤

第 1 步：往装满冰的水桶或冷藏箱中加入足量的水，差不多没到冰块顶部。

第 2 步：给每 15 升冰水混合物添加大约 $\frac{1}{4}$ 杯（68 克）盐。如果不确定容器的容量，加盐时无法精确估量冰水混合物的量，记住，3.8 升水可以装 16 杯。（图 1）

第 3 步：将一两瓶纯净水或蒸馏水倒空，在瓶子上标记"自来水"，然后装满自来水，重新盖上瓶盖。

第 4 步：将几个瓶子置于冰水混合物中，瓶盖高于冰块。确保至少放进一瓶自来水和一瓶纯净水或蒸馏水。（图 2）

第 5 步：冷冻水瓶，随时查看，直至其中一瓶水冷冻成固体而其他瓶中的水仍为液体。这个过程可能需要几个小时。（图 3）

图1：将冰和盐放入容器中。

图2：将水瓶放入冰水中冷却。

第6步： 将一些干净的方形小冰块放到碗或碟子里。

第7步： 小心地将其中一瓶液态水从冰水中取出，轻轻打开盖子。如果瓶内已结冰，另取一瓶。

第8步： 瓶子打开后，一旦发现还没有结冰，慢慢地将水倒到方形小冰块上。如果水已过度冷却，此时就会立即结冰，形成冰凌。（图4）

第9步： 如果实验没成功，可以将液态水再冷冻久一些，然后再试。

图3：随时查看水瓶内是否有冰冻迹象。

奇思妙想

　　尝试用其他的液体做这个实验。想一想：用碳酸饮料能成功吗？

科学揭秘

　　水通常在0℃以下结冰，但如果没有引起晶体形成的条件，即使温度远低于0℃，水分子仍可能处于液体状态。由于冰晶在杂质上形成，在这个实验中，自来水通常会先结冰。晶体也能在容器中形成不完整状态，晶体一旦形成，或当水接触到来自不同来源的晶体，水分子很快在晶种周围形成，然后结冰。

　　在过冷水中，由于运动或冲击，冰晶的晶格也能形成。一旦晶体开始在一个地方形成，所有其他过度冷却的水分子迅速形成，结成坚冰。

水晶洞穴

实验材料

→ 能容纳 2 个罐子的长方形塑料容器
　（带盖子）
→ 锡箔纸
→ 2 个罐子
→ 热的自来水
→ 小苏打
→ 食用色素
→ 白色纸巾（或餐巾）
→ 餐勺（或量勺）

安全提示

— 水晶钟乳石和水晶石笋可能需要
　几周才能形成，需耐心等待。
— 如果空气非常潮湿，这个实验可能
　不会成功。
— 如果碰到下雨，盖上容器的盖子以
　保护水晶洞穴。

图5：晶体也可能在罐子边缘形成。

用小苏打来制作钟乳石和石笋吧！

实验步骤

第 1 步：用锡箔纸覆盖塑料容器，
再将容器翻过来，作为
一个洞穴。

第 2 步：两个罐子里装满热的自
来水。

第 3 步：往每个罐子里加几匙小
苏打，一直添加到小苏
打不再溶解，且有一层
覆盖在罐子的底部为止。

第 4 步：往每个罐子里加几滴食用色素，搅拌，然后把罐子放进做好的洞穴里，罐子不要盖盖子。
（图 1、2）

第 5 步：剪两条长纸巾，宽约 1.5 厘米。将纸条对折。

第 6 步：把两条纸条的末端分别放到两个罐子里，形成两座中间低垂的纸桥，确保纸桥的底部浸没
在液体中。

第 7 步：等几分钟，确定液体正从两端向纸桥的中间流动，液体可能会滴下来。（图 3）

第 8 步：把洞穴放置在遮蔽处，使小苏打溶液可以继续往下滴。每隔一两天查看一下，如果纸桥变
干了，就从每个罐子里再舀些液体浇到纸上，使它重新滴水。

第 9 步：几天后，会看到钟乳石（向下生长的晶体）和石笋（向上生长的晶体）在你做的洞穴中形成。
（图 4、5）

图1：往小苏打和水合成的溶液中加入食用色素。

图2：将罐子放进做好的洞穴中。

图3：液体会从架在两罐之间的纸桥上滴下来。

奇思妙想

尝试用别的溶液，如硫酸镁和水混合而成的溶液，在洞穴中形成晶体。

图4：你会看到钟乳石和石笋在洞穴中形成。

科学揭秘

在洞穴中，携带着矿物质的水从洞顶上滴下来，日积月累，像冰柱一样悬挂下来，形成了钟乳石。在往下长的钟乳石下面，矿物质可能会在地面上沉积起来，朝着洞顶向上生长，形成石笋。这些地下奇观的形成往往需要成千上万年。本实验能使晶体在几天或几周内在你自制洞穴内形成。

表面张力和毛细作用把水和溶解的小苏打引到纸上、罐子边缘和纸桥的最底端，液体在这里积聚并往下滴，一些水分蒸发了，留下小苏打的晶体。经过一段时间，你会发现上上下下都有晶体，正如你在真正的洞穴里看到的一样。

土壤净水器

实验材料

→ 至少 2 个空塑料瓶（2 升）

→ 数个相同大小的广口瓶

→ 比瓶口略大的石块

→ 沙子

→ 表土

→ 液体测量杯

→ 自来水

→ 实验日志

→ 1 壶水（用红色和蓝色的食用色素染成紫色）

→ 草（或泥煤苔）

→ 一些鹅卵石

安全提示

— 完成第 1 步后，如果水还是非常浑浊或不干净，不必感到沮丧。你可能需要用净水器将水过滤几次才会看到变化。

— 不要喝用自制净水器过滤出来的水。

用食用色素"污染"水，然后试着借助天然土壤净水器过滤吧！

图4：把染过色的水倒入净水器。

实验步骤

第 1 步：剪去塑料瓶的瓶底。

第 2 步：瓶口朝下，将瓶子放进广口瓶里。

第 3 步：在每个塑料瓶里放一层石块。（图1）

第 4 步：在一个瓶子里的石块上加上厚厚的一层沙子。（图2）

第 5 步：在另一个瓶子里的石块上加上厚厚的一层表土。

第 6 步：猜一猜哪个净水器更有用。然后，

图1：在每个瓶子里装上石头。

图2：在其中1个瓶子里装入沙子，另一个瓶子里装上表土。

往塑料瓶做成的净水器里各倒一杯（235毫升）自来水来验证你的猜测。观察过滤出来的水，并将结果记在实验日志上。（图3）

第7步： 倒掉广口瓶里的水。

第8步： 往净水器中各倒入1杯（235毫升）紫色的水（用食用色素做出来的假污染物）观察滤液并记录观察结果。

第9步： 继续往净水器里放材料，比如草或泥煤苔、鹅卵石，看看其他的天然材料在水过滤的过程中起了什么作用。

第10步： 测试你做的净水器，往净水器中倒入等量的有色水，观察水经过过滤后的颜色和清澈度。（图4）

图3：你认为哪个净水器的效果最好？

奇思妙想

在其中一个净水器的表土上放上奇亚籽或草，看看植物的根在过滤过程中是如何起作用的。

科学揭秘

除了充当植物的营养源，健康的土壤也是重要的净水器。岩石、沙子、淤泥、黏土、水、空气和有机物质，例如腐烂的植物是构成土壤的一些成分。土壤也富含生命，包括细菌、真菌、节肢动物和蠕虫。

某些土壤成分非常善于吸附随着水流流入泥土的污染物。由于土壤中含有细小颗粒，如泥沙和黏土，它也是一个不错的物理过滤器：大颗粒污染物会陷入基质中，无法移动得太远；泥土中的微生物将某些污染物分解为无害的化合物；一些细菌甚至可以分解包括石油在内的矿物燃料。

在这个实验里，用食用色素"污染"了水，然后让水流过土壤净水器。虽然你可能认为沙子是比泥土更好的过滤器，但这个实验可能会改变你的想法。你也会注意到，泥土不会滤掉一切物质。因此，小心选择喷洒到草坪和庄稼上的化学药品是很重要的，因为有些化学药品会回到水中。

单元 12

冰雪欢乐颂

——雪地里的化学

如果看得足够清晰，在雪花的中心，你很可能会发现一些细菌 DNA。

随着气温下降，水分子移动变慢，慢慢聚集在一起，但它们需要一个被称为凝结核的物理支架，将它们迅速整合出恰当的序列形成冰晶。在大气层高处，冷水分子在凝结核——灰尘、烟灰和浮游菌周围形成"笼子"，排列成一定的形状，从而形成冰晶。其他的水分子会附着在这些冰晶上形成雪花。大气条件和气温影响着飘落到地球上的每一片雪花的形状和结构。

科学家们研究发现许多微生物被风吹到高空，在极端条件下存活下来，这使它们无处不在。当某些冰晶催化菌需要回到地球时，它们会吐出一些特殊的蛋白质，这些蛋白质是特别好的凝结核。它们最终是以雨滴还是雪花的形式着地取决于近地面的温度。许多科学家还认为浮游菌影响云的形成和天气。

这个单元为你提供了一些在冬季和夏季做实验的创意：尝试融雪实验，看看寒冷是如何减慢化学反应的速度的；用雪堆塑出火山锥；品尝枫糖；试着亲手制作雪花冰淇淋。

冰淇淋沙包大战

实验材料

→ 2 杯（475 毫升）牛奶

→ 2 杯（475 毫升）多脂奶油

→ $\frac{1}{2}$ 杯（100 克）糖

→ 2 勺（30 毫升）香草

→ 封口式塑料保鲜袋（0.5 或 1 升大小）

→ 封口式保鲜袋（3.8 升大小）

→ 大袋冰块

→ 2 杯（576 克）岩盐或（480 克）食盐

→ 洗碗巾

图5：扔沙包游戏很有趣。

将热传递知识学习变为既好吃又好玩的户外游戏吧！

安全提示

— 查看冰淇淋时，如果它尚未冷冻，往外袋里加入更多冰块和盐，继续抛接 5 或 10 分钟。

实验步骤

第 1 步：将牛奶、奶油、糖和香草一起放进碗里，搅匀，做成冰淇淋混合物。

第 2 步：往保鲜袋中加入 1 杯（235 毫升）冰淇淋混合物，挤出一些空气，再将保鲜袋密封。将小袋冰淇淋混合物放进另一个小保鲜袋里，挤出空气，再密封。将套了两层袋的冰淇淋混合物放入 3.8 升大小的保鲜袋中，大袋中装满冰块。（图 1）

第 3 步：将 $\frac{1}{2}$ 杯盐倒到大袋中的冰块上，再密封袋子。（图 2）

第 4 步：用洗碗巾包裹大冰袋，再把它放入另一个 3.8 升大小的封口式保鲜袋中，密封。（图 3）

第 5 步：用装着冰块和冰淇淋的袋子玩扔沙包游戏，持续 10 ～ 15 分钟。（图 4、5）

图1：往封口式保鲜袋中放入1杯（235毫升）冰淇淋混合物。

图2：将装入小袋的冰淇淋混合物放入装了冰块和盐的大袋中。

图3：用洗碗巾包裹大冰袋并将其放进另一个大袋子。

图4：用冰淇淋混合物玩扔沙包游戏。

图6：将装了冰淇淋混合物的袋子从外袋中取出。

图7：品尝实验成果。

第6步：把装有冰淇淋混合物的袋子从外袋中拿出来，然后就可以享用美味的冰淇淋了。（图6、7）

第7步：用剩下的冰淇淋混合物重复实验第2步至第8步。或者将混合物放入冰箱保存，要用的时候再拿出来。

奇思妙想

尝试往冰块上加入较少的盐，减缓冷冻冰淇淋混合物的速度。这样做会如何改变冰淇淋的质地呢？

科学揭秘

制作冰淇淋是学习热传递和结晶作用的一课。冰是水的固体形态，当你将盐加进冰里，它会降低水的冰点，融化冰块，使它能在远低于水的正常冰点0℃时仍然处于液体状态。

在这个实验中，用盐融化冰块，制作出极其冷的冰–盐–水混合物。因为热是从高温处迁移至低温处的，所以热从冰淇淋混合物中传递出来，传至冰水中，将冰淇淋混合物中的水冷冻成冰晶。

因冰淇淋冻结的速度以及它所含的原料不同，冰晶会呈现出不同的大小。如果混合物冻结得非常快，你可能会得到大的冰晶，这使冰淇淋吃起来有粗糙的颗粒感。搅拌混合物，添加一些例如明胶这样的配料能有助于形成较小的冰晶，使冰淇淋口感更为顺滑。

白雪枫糖

实验材料

→ 干净的雪

→ 玻璃盘子或托盘（可选）

→ 1 杯（235 毫升）纯枫糖浆

→ 炖锅

→ 糖果温度计

→ 耐热量杯

→ 餐叉

→ 细长木条或烤肉叉（可选）

图4：用餐叉从雪中取走凝固的枫糖。

用加热蒸发和雪中快速冷却的方法制作超级美味的枫糖吧！

安全提示

— 热糖浆会引起烫伤，做这个实验时必须有成人在一旁监护。

— 等糖果凉透后再品尝。

— 只用纯枫糖浆可以达到最好的实验效果。

实验步骤

第1步：到户外选一块覆有 15~20 厘米深净雪的地方来制作枫糖。或用大而扁平的容器，如玻璃盘装 8~10 厘米雪。

第2步：用炖锅熬制枫糖浆，不断搅拌直至糖果温度计测到的温度大约为 113℃~116℃（软球阶段），这个过程大约需要 6 分钟。（图1）

第3步：将枫糖浆从炉火上拿开，小心地倒入带喷嘴的耐热量杯中。

第4步：将糖浆倒在雪地上，做成各种糖果的形状，待其冻结。可以直接把糖浆倒在户外的雪地上，也可以根据个人喜好，把糖浆倒在盛在玻璃盘中的雪上。（图2、3）

第5步：等糖果定了形，就可以用餐叉把它们从雪中取走了。（图4、5）

第6步：糖果一做好就可以吃，也可以等它变热后绕在细长木条或烤肉叉上再吃。

图1:在锅里煮枫糖浆。

图2：将枫糖浆倒在雪上做成各种形状的糖果。

图3：也可以将雪盛在容器中再制作糖果。

图5：冷却的糖果能保持形状吗？

将源源不断流出的枫树树液进行熬煮，蒸发掉大部分水分，制成的就是枫糖浆。水分蒸发后，剩下的糖浆主要由蔗糖构成，但也含有少量的葡萄糖和果糖。

当然，树液里也含有其他有机化合物，这使取自不同部位的糖浆具有独特的口味。在寒冷的早春时采收的糖浆往往色泽偏淡，口味较为清淡。随着天气变暖，微生物使糖浆中的糖发酵，使糖浆的颜色变深，口味变浓郁。

本实验中，加热枫糖浆，蒸发了更多水分，形成过饱和溶液，相比在常温下蒸发水分，它能留住更多液体中的糖分子。

当你将过饱和糖浆倒入雪中，它迅速冷却，形成一些糖晶体，使枫糖具备了绵软、半固体的稠度。将糖浆加热至更高的温度会蒸发更多水分，从而在冷却的糖浆中形成更多的晶体，使它更难咬。如果你小心地蒸发掉枫糖浆中的所有水分，你将得到纯的枫糖晶体。

奇思妙想

1. 尝试从炖锅里选取不同温度的枫糖浆浇在雪上做成糖果，比较它们的质地、颜色和稠度。

2. 能不能用其他的糖浆做这个实验，比如糖蜜或玉米糖浆？

3. 尝试用枫糖浆做砂糖（见［科学揭秘］）。

雪融化了

实验材料

→ 1 或 2 个水桶（或塑料大容器）
→ 雪
→ 卷尺（或直尺）
→ 实验日志
→ 透明玻璃杯（或广口瓶）

安全提示

— 当年幼的孩子靠近水时，成年人应在一旁照看。
— 不能喝雪水。

收集一大堆雪，看看里面藏了些什么吧！

图2：测量容器中雪的深度。

实验步骤

第 1 步：在一个水桶或塑料大容器里装满雪，把雪抹平，不要压得太紧。（图1）

第 2 步：在另一个容器装满雪（可选），把雪压实抹平。

第 3 步：用尺测量每个容器中雪的深度，并把测量结果记录在实验日志或纸上。（图2）

图1：将雪装入容器。

图3：测量融化后雪水的深度。

第 4 步：把容器带到室内，等雪融化。

第 5 步：待雪融化成水后，测量水的深度，将数值记在实验日志中雪融化前的测量值旁。（图3）

第 6 步：往透明玻璃杯或广口瓶里倒些雪水，观察水的清澈度。记下观察结果，或拍照后把照片贴在日志上。（图4）

图4：观察雪水的清澈度。

奇思妙想

1. 创设适合细菌的生长环境，用一些雪水作培养基，看看能否培养一些微生物。

2. 分别在多次降雪后测试雪堆中的含水量。

科学揭秘

研究雪的科学家更喜欢谈论雪晶而非雪花。"雪晶"指的是云中水汽在晶种表面冻结所形成的单个冰晶（晶种已在微生物或尘埃上形成）。雪花通常是许多单雪晶的凝聚物，有时它们成团攀连在一起，形成鹅毛大雪。

气温和湿度会影响雪花的形成方式，有些形成长长的羽毛般的枝状雪花，而有的形成小小的片状雪花，但水的物理性质决定了雪花都是六边形的。

雪晶的形状、天气和雪晶飘落的表面都影响着雪堆中的空气量。雪层中所含的空气量影响了它的体积或它所占的空间大小。

雪融化时，雪堆中的空气被释放出来，所以雪的体积比它融化而成的液态水的体积大。

冰雪火山

实验材料

→ 1 杯（235 毫升）白醋
→ 空塑料瓶（大约 500 毫升）
→ 食用色素
→ 纸漏斗（或纸杯）
→ $\frac{1}{4}$ 杯（55 克）小苏打
→ 雪

安全提示

— 醋是弱酸，会刺痛双眼。

自己在后院造一座冰雪火山吧！

图4：你造出了一座冰雪火山！

实验步骤

第 1 步：将醋倒入塑料瓶。

第 2 步：往醋里加入几滴食用色素。（图 1）

第 3 步：准备一个纸漏斗，或挤压纸杯杯口做成一个倾注容器。

第 4 步：用纸漏斗将小苏打倒入杯中前，称量小苏打的用量，或将适量小苏打放入倾注纸杯中。

图1：往塑料瓶中加入醋和食用色素。

图2：将小苏打快速倒入瓶子火山。

第 5 步： 到户外将塑料瓶放在地上，瓶口向上。在塑料瓶周围堆些雪，形成圆锥状，使它看上去像座火山。

第 6 步： 用纸漏斗或倾注容器将所有的小苏打快速倒入塑料瓶，然后立刻退后！（图2、3、4）

图3：迅速移开纸漏斗。

奇思妙想

1. 尝试用加热的醋做相同的实验。

2. 在大瓶里做这个实验，计算冰雪火山从较大的容器爆发需要多少小苏打和醋。

科学揭秘

当两种物质（如小苏打和醋）混合形成新物质时，便发生了化学反应。小苏打的化学名为碳酸氢钠，醋的化学名为醋酸。

二氧化碳气体是这个化学反应产生的物质之一。往塑料瓶中加入小苏打时，气压在瓶中迅速积聚，瓶口是二氧化碳溢出的唯一途径。当气压大到足以克服重力，二氧化碳气体便从瓶中溢出。同时，一些液体也喷射至空中，直至重力将它们"拉回"地面。

在冰岛，有许多活火山藏于积雪、冰层甚至冰川之下。当火山爆发时，火山灰常常在熔岩流到达时就将积雪覆盖了。一旦炽热的熔岩遇上冰雪，嘶嘶作响的蒸汽便喷向空中。一些科学家认为熔岩流在冰上比在干燥的地面上流动得更快。

实验 52　冷风气球

实验材料

→ 2 个相同的空塑料瓶
→ $\frac{2}{3}$ 杯（160 毫升）白醋
→ 2 个相同大小的中型气球
→ 勺子（或纸漏斗）
→ 6 勺（28 克）小苏打
→ 带倾液嘴的量杯（可选）

安全提示

— 这个实验需要两个人，这样实验反应才能同时发生。

— 实验时戴上护目镜或太阳镜。醋是弱酸，会刺痛双眼，用微波炉加热时务必谨慎。

— 年幼的孩子在往气球里装小苏打时可能需要成年人的帮助。

图4：看看哪个气球膨胀得更快。

来场吹气球比赛，试试是热化学反应将气球吹起来快还是冷化学反应更快吧！

实验步骤

第 1 步：在一个瓶子上标记"热"，在另一个瓶子上标记"冷"。

第 2 步：将正好 $\frac{1}{3}$ 杯（80 毫升）醋倒入标记为"冷"的空瓶中。将此瓶放在室外雪地或冰箱冷藏室内 30 分钟，让醋变冷。

第 3 步：在醋被冻了 30 分钟后，用微波炉加热剩下的 $\frac{1}{3}$ 杯（80 毫升）醋，使其温度上升但不至于很烫。将醋倒入标记了"热"的瓶中。

第 4 步：稍微撑开气球，用勺子或纸漏斗仔细地将 3 勺小苏打（14 克）放入每个未膨胀的气球中。摇动气球底部的小苏打。（图 1）

第 5 步：将两个瓶子和两个气球带到室外，在瓶子上各套一个气球。套气球的时候注意不要让气球内的小苏打落入瓶内。（图 2）

图1：往气球内加入小苏打。

图2：两个塑料瓶上都套上装了小苏打的气球。

第6步： 每个人摇晃一个瓶子，同时将瓶口气球里的小苏打摇晃进瓶内的醋里。捏着气球口，让气球因为瓶内产生的二氧化碳气体而膨胀起来。（图3）

第7步： 看看哪个气球膨胀得更快。（图4）

图3：晃动瓶子，将小苏打同时撒入两个瓶中。

奇思妙想

1. 向别人解释在这个实验中用相同大小的容器和等量材料的重要性所在。

2. 将冷冻的醋作为其中一个变量，再做一次实验。想一想，还能做些什么来改变反应速度呢？

3. 重复几次这个实验，分别在实验反应开始后 5 秒、10 秒、15 秒和 30 秒的时间点，同时将气球从塑料瓶上拿掉，然后再系上。对气球进行称重或测量，计算随着时间的改变，二氧化碳气体膨胀量的区别。

科学揭秘

我们将不同分子组合在一起生成新物质的过程称为化学反应。碳酸氢钠（小苏打）和稀醋酸（醋）混合在一起产生二氧化碳气体。在这个实验中，二氧化碳气体滞留于塑料瓶里，产生的压力使气球膨胀。

当物质受热，分子开始更快地移动，更频繁地相撞，产生更多能量。大多数化学反应之所以发生，是带有一定量活化能的分子快速移动从而相互碰撞的结果。

把加热的醋倒入小苏打后，化学反应很快发生，与用冷醋引发的化学反应相比，它能使气球更快膨胀。

Hazel Kate Lucy Cam Sarah Lily Grey Cela Tess

Scarlett Ella Eva Nora AJ Katherine Lilly Lily Yara

Mina Aryanna Darya Maya Isaac Knox Bristow Emily Kendall

Stephan Mikaylah Wyatt Owen Elena Grace Charlie Grace Mary Ruth

Frances Claire George Jack Connor James Amelie April Will

Sam Nick Chloe Ryan Tom Hema Lara Cate Natalie

Ella Carlo Enzo Seth Christopher Sam Kyra Sarah Carissa

Molly Sophia Geneva Charlie John Georgia Elena May Hailey

感谢这些孩子

为实验所作的贡献!

致谢

如果没有我的家人和朋友，就不会有这本书。我要特别感谢以下这些人：

我的父亲兼物理老师 Ron Lee，他提出了书中的几个实验，并确保我对这些实验做出了正确的解释。

我的孩子 Sarah、May 和 Charlie，以及我的丈夫 Ken（他帮我拍了许多照片），和我一起在一个看上去像乱糟糟的科学展览会的房子里度过了整个夏天。

Holly Lipelt 和 Lali Garcia DeRosier，他们和我分享了一些学生喜爱的生物学实验。Raychelle Burks 博士让我正确理解了润唇膏的科学原理。我的教育顾问 Greg Heinecke 告诉我老师们想在这本书中看到的内容。

在明尼苏达州布卢明顿的理查森自然中心，我们和博物学家 Heidi 一起捕捉昆虫，由 Pauline 带领着在满月之夜漫步欣赏壮美的大自然。感谢 Michael 所做的协调工作。

我们的街道主任 Marion McNurien，每年夏天，都会在门廊上养殖一群五彩斑斓的蝴蝶，这启发了我们想要更多地了解它们的习性。

Quarry Books 出版社的每一个人，他们巧妙地编辑和整理了我的文字以及 Amber 的照片，使我可以与更多的读者分享我对科学的热爱。

我那总是很快乐的摄影师 Amber Procaccini，她勇敢地面对泥土、蠕虫和崎岖的地形，创作出本书中那些不可思议的照片。

Jennifer、Karen、Tim 和 Molly 为了科学，让我们带着一大群年轻的实验者闯进他们的后院。

那些了不起的、聪明、有趣、美丽的孩子们，他们的笑容点亮了这本书的书页。

Jonathan Simcosky、Renae Haines、David Martinell、Katie Fawkes、Lisa Trudeau 以及 Quarry Books 出版社的整个团队耐心地为我们提供协助和创意。

最后是我的妈妈 Jean Lee，她总是鼓励我去户外玩耍。

丽兹·李·海拿克（Liz Heinecke）从观察第一条毛毛虫起便爱上了科学。

在从事分子生物学研究工作十年后，她离开了实验室，成为一名全职妈妈，开启了人生的新篇章。不久，她便和她的三个孩子一起分享对科学的热爱，并在 Kitchen Pantry Scientist 网站上记录他们的实验和探险。

她对科学的热情很快使她常常出现在 Twin Cities 电视台的节目中，她还开发了名为 KidScience 的应用程序，并出版了她的第一本书《给孩子的厨房实验室》（Quarry Books，2014；华东师范大学出版社，2018）。

当她没有载着孩子们四处兜风时，你便会看到她在明尼苏达的家中做科普、做实验、写作、唱歌、弹班卓琴、绘画、跑步。总之，做除了家务之外的任何事情。

她毕业于美国的路德学院，在那里学习了艺术和生物学。并在威斯康星大学麦迪逊分校获得了细菌学的硕士学位。

安伯·普罗卡奇尼（Amber Procaccini）住在明尼苏达州明尼阿玻里期市，是一位专职摄影师，热衷于拍摄孩子、食物和旅行见闻，她对摄影的热情几乎等同于她对寻找完美玉米面豆卷的热情。在丽兹的第一本书《给孩子的厨房实验室》中，丽兹和安伯第一次合作，从那时起她们知道彼此会成为最棒的队友。没有拍摄工作时，安伯喜欢和丈夫一起去旅行，享受新的冒险。

给孩子的实验室系列